门头沟区果树栽培管理指南

北京市门头沟区科学技术协会　编

U0313229

中国林业出版社

图书在版编目（CIP）数据

门头沟区果树栽培管理指南 / 北京市门头沟区科学

技术协会编 . -- 北京 ： 中国林业出版社，2018.6

ISBN 978-7-5038-9625-5

Ⅰ . ①门… Ⅱ . ①北… Ⅲ . ①果树园艺—指南 Ⅳ .

① S66-62

中国版本图书馆 CIP 数据核字（2018）第 128738 号

责任编辑　　于晓文

出版发行　　中国林业出版社
　　　　　　（100009 北京西城区刘海胡同 7 号）
邮　　箱　　849562232@qq.com
电　　话　　010-83143549
印　　刷　　固安县京平诚乾印刷有限公司
版　　次　　2018 年 6 月第 1 版
印　　次　　2018 年 6 月第 1 次
开　　本　　898mm×1194mm　1/32
印　　张　　5.25
字　　数　　142 千字
定　　价　　68.00 元

《门头沟区果树栽培管理指南》
编委会

主　任：杨广义

副主任：朱树根　李玉萍

主　编：吕志军　潘青华

副主编：侯　越　王　榕

编　委（按姓氏拼音为序）：

陈兰平　吕志军　潘青华　齐建勋

孙浩元　杨　丽　张国军

前　言

　　门头沟区位于北京市西部，根据北京城市总体规划，作为首都天然生态屏障，是京津冀协同发展格局中西北部生态涵养区的重要组成部分。发展果树生产对于建设西北部生态屏障具有重要的生态、社会、经济意义。

　　为推动门头沟区产业结构调整，促进都市型现代农业发展，示范引领辐射带动全区果树产业发展，特编写了《门头沟区果树栽培管理指南》，用来指导门头沟区果品生产，解决门头沟区特色果树生产加工过程中存在的技术问题，提高果树栽培管理水平和果品质量。

　　该书详细介绍了门头沟区特色果树全年各时期生产管理技术，涉及门头沟区栽培面积大的特色果树品种，包括桃、鲜杏、核桃、枣树、葡萄等。由具有丰富理论水平和实践经验，熟悉该书果树生产实际的北京农林科学院农业专家进行撰写。根据该书在果树生产中遇到的问题和气候特点，按照果树生产实际进行编写，详细介绍了全年果树各个时期整形修剪、土肥水管理和病虫害防治等内容。该书针对性强、图文并茂、通俗易懂，为果农提供了标准的全年果树栽培管理操作指南。

　　在编写过程中，对北京农林科学院专家以及所有给予本书支持和帮助的朋友们表示衷心感谢，不足之处请广大果农和专家批评指正！

编者

2018 年 5 月

目 录

第一章
核桃栽培技术图解

第一节 概 述

一、核桃的保健价值

核桃具有很高的医疗保健价值。首先，从核桃仁的营养成分看，每 100g 核桃仁中含有脂肪 63g，蛋白质 15.4g，碳水化合物 10.7g，以及丰富的维生素 E、核黄素、硫胺素等多种维生素和钙、铁、锌、硒等多种矿质元素。在中国古代，核桃被称为"万岁子""长寿果"，在国外被称为"大力士食品""浓缩的营养包"。中医认为核桃仁性温、味甘、无毒，具有润肺、益肾、利肠、化虚痰、止虚痛、健腰脚、散风寒、通血脉、补气虚、泽肌肤等功效（《随息居饮食谱》）。

现代医学营养学研究认为，食用核桃仁具有降血压、降血脂、预防和治疗慢性心血管疾病的作用。核桃仁具有较高的营养保健，主要体现在以下几方面：

1. 核桃仁中的脂肪酸

脂肪酸是核桃仁中含量最高的营养成分，与其他油脂相比，核桃油中的脂肪酸 90% 以上为不饱和脂肪酸，其中亚麻酸是人体必需的脂肪酸，是 $\omega-3$ 家族成员之一，也是组成各种细胞的基本成分（表 1-1）。美国加州大学的一项研究结果表明：在日常饮食中，亚麻酸（$\omega-3$ 脂肪酸）的摄取量增加 13%，心肌梗塞的危险会降低 37%。因此认为核桃仁中的多不饱和脂肪酸，尤其是 $\omega-3$ 脂肪酸在核桃仁的保健功能中起着重要作用。

表 1-1　日常食用油脂中脂肪酸的构成（%）

脂肪酸	核桃油	花生油	大豆油	芝麻油	猪肉脂肪
棕榈酸 (16：0)	7	6	11	10	21.8
硬脂酸 (18：0)	3	5	4	5	8.9
油酸 (18：1, $\omega-9$)	14	61	25	40	53.4
亚油酸 (18：2, $\omega-6,9$)	61	22	51	45	6.6
亚麻酸 (18：3, $\omega-3,6,9$)	15		9		0.8

2. 核桃仁中的氨基酸

核桃仁中含有 18 种氨基酸，其中包括亮氨酸等 8 种成人必需的氨基酸和婴儿生长发育所必需的组氨酸。每 100g 核桃仁中含精氨酸 2278mg，含赖氨酸 424mg，赖氨酸与精氨酸比值为 0.19。与之相比，大豆中赖氨酸与精氨酸比值为 0.58 ~ 1，牛奶中赖氨酸与精氨酸比值为 2.44。

3. 核桃仁中的抗氧化活性物质

核桃仁中的抗氧化活性物质含量远大于其他干果和绝大多数水果，是阿月浑子（开心果）的 43 倍、杏仁的 70 倍、板栗的 91 倍。核桃仁中含有大量的鞣花酸等多酚抗氧化活性物质（802mg/100g），主要存在于种皮。

关于食用核桃仁建议：①尽管核桃仁的含热量很高（654kcal/100g），但并不会使人发胖。正常饮食（脂肪占总热量的 31%）和低脂肪饮食（脂肪占总热量的 20%）的高血脂症患者每天加食 48g 核桃仁，以不加食核桃仁为对照，6 周后；未加食核桃仁的低脂肪饮食者体重下降；而加食核桃仁的正常饮食者和低脂肪饮食者，尽管摄入的总热量分别增加了 20% 和 23%，但体重并未增加，血脂反而降低。②关于核桃仁的食用量，一般认为每天食用 5 ~ 6 个核桃，约 20 ~ 30g 核桃仁为宜。国外认为每天一把核桃或 1 盎司（28.35g）核桃仁，每周 5 天，能起到很好的保健作用。③核桃仁不宜过多食用，逾食易生痰，恶心、吐水、吐食。另外，阴虚火旺者、大便溏泄者、吐血者、出鼻血者应少食或禁食核桃仁。

二、发展建议

1. 选择适宜的优良品种、立地条件和栽培模式

早实核桃品种结果早、前期产量高，但抗病、抗寒性较晚实核桃差，管理成本较高；晚实品种结果晚、前期产量低，但抗病、抗寒性较强，管理成本低。核桃一般要选择种植在土层厚度在 50cm 以上、有水浇条件的浅山、丘陵和平原地区。分不同情况可选择不同的品种和栽培模式：

（1）在立地条件较好情况下，若有精力和财力进行较精细管理，可选择早实核桃品种进行密植栽培，株行距一般为（4～5）m×（5～6）m；若想投入相对较少的精力和财力进行较粗放管理，可选择晚实核桃品种进行稀植栽培，株行距一般为6m×（6～8）m，若实行果粮间作，株行距一般为（8～10）m×（10～15）m。

（2）在立地条件较差情况下，一般要选择晚实核桃品种，株行距一般为（5～6）m×（5～6）m。

（3）若立地条件差（土层最少有30cm，能浇水但浇水不方便）情况下，需进行扩穴（深80cm、直径100cm）、换土，改良定植穴后，再定植晚实品种，株行距一般为（5～6）m×（5～6）m。也可选择直播早实核桃的种子，1～2年后再改接晚实品种。

2. 增加投入，提高管理水平

核桃属于干果，与鲜果相比具有管理相对简单等优点，但也不能轻管或不管。目前国内许多核桃园普遍存在着重栽轻管甚至不管的现象，造成效益低下。优良品种需要较精细的栽培管理，否则良种的优势很难发挥，应避免"投入少—效益低—投入少"的恶性循环。

3. 建立合理的组织和营销模式

要想进一步提高核桃的经济效益，就要有合理的组织和营销模式。近年，在政策扶持和市场引导下，许多"核桃专业合作社""公司＋农户"

图 1-1 美国核桃采后处理

等组织和营销模式发展起来。随着社会发展，核桃的集约化种植发展较快，许多经营规模在千亩甚至万亩[1]以上的公司不断涌现。建议有规模、有实力的公司，根据国内实际，引进吸收国外先进的经营和管理模式，如美国的核桃采后处理和烘干，从采收到干果上市只需 7～10 天（图 1-1），形成核桃产业的核心技术体系，并进行推广应用。

第二节　核桃优良品种

目前，适宜门头沟地区种植的核桃品种主要有以下几个品种。

1.'薄壳香'（早实）

果实经济性状：坚果较大，平均单果重 13.02g，最大 15.5g，三径平均 3.58cm，壳面较光滑，壳厚 1.19mm，缝合线紧，可取整仁，出仁率 58%。仁色浅，风味香，品质极佳（图 1-2）。

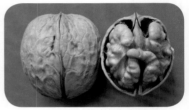

图 1-2 '薄壳香'坚果

2.'辽宁 1 号'（早实）

果实经济性状：坚果中等大，平均单果重 11.1 g，最大 13.7 g，三径平均 3.3cm，壳面较光滑，壳厚 1.17mm，缝合线紧，可取整仁，出仁率 55.4%，仁色浅，风味香，品质上等（图 1-3）。

图 1-3 '辽宁 1 号'坚果

3.'香玲'（早实）

果实经济性状：坚果长圆形，中等大，平均单果重 12.2g，三径平均 3.4cm，壳面光滑美观，壳厚 0.99mm，缝合线较松，可取整仁，出仁率 57.6%，仁色浅，风味香，

图 1-4 '香玲'坚果

1　1 亩 =0.067 公顷

品质上等（图1–4）。

4. '礼品1号'（晚实）

果实经济性状：坚果长圆形，果基圆，顶部圆并微尖，坚果大小均匀，果形美观。纵径3.5cm，横径3.2cm，侧径3.4cm，坚果重9.7g。壳面光滑，色浅。缝合线窄而平，结合不紧密，指捏即开。壳厚0.6mm。内褶壁与横隔膜退化，极易取整仁。核仁充实，

图1-5 '礼品1号'坚果

饱满，色浅；核仁重6.74g，出仁率70%左右。风味佳（图1–5）。

5. '礼品2号'（晚实）

果实经济性状：坚果大，长圆形，果基圆，顶部圆微尖。纵径4.1cm，横径3.6cm，侧径3.7cm，坚果重13.5g。壳面较光滑，色浅。缝合线窄而平，结合较紧密，但指捏即开。壳厚0.7mm。内褶壁与横隔膜退化，极易取整仁。核仁充实饱满，色浅，核仁重9.1g，出仁率67.4%。风味佳（图1–6）。

图1-6 '礼品2号'坚果

6. '京香1号'（晚实）

果实经济性状：坚果圆形，平均单果重12.2g，三径平均3.54cm，壳面较光滑，壳厚0.8mm，缝合线较紧，易取整仁，出仁率58.8%，仁色浅黄，风味香而不涩，品质优（图1–7）。

图1-7 '京香1号'坚果

第三节　核桃高接换优技术

对 3 ~ 10 年生核桃实生劣树，可采用枝接技术进行高接换优。对于已大量结果的核桃散生实生幼树，只要坚果品质不是太差，建议不改接。

一、接穗的采集、贮藏及蜡封

枝接接穗一般在冬初或春季萌芽前采集。冬初采集的接穗应进行越冬低温贮藏。接穗两端蜡封，与湿度为 60% 左右的消毒锯末或细木屑混合，用塑料布打包保湿，贮存在 −3 ~ 0℃ 的冷库或冷藏箱中。土壤解冻后，温度转暖时，及时将假植接穗进行蜡封。接穗的剪截长度一般在 15cm 左右，留 2 ~ 3 个饱满芽，顶芽距剪口 1 ~ 2cm，将接穗进行蜡封。

蜡封方法：将石蜡水浴加热至熔化，然后将剪截好的接穗在蜡液中迅速蘸一下，甩掉多余蜡液，再蘸另一头，使接穗表面包被一层较薄的蜡膜（图 1-8）。

接穗蜡封后装箱，覆少量湿锯末或湿报纸，装入塑料袋封口保湿，0 ~ 5℃ 冷藏。嫁接前 2 ~ 3 天室温下催醒，当皮层与木质离层时即可使用。

图 1-8 蜡封接穗

二、嫁　接

在展叶期进行，北京门头沟地区一般在 4 月中、下旬。展叶前，在准备嫁接的部位以上 10cm 处锯断，嫁接时再往下截 10cm，嫁接部位的直径以

4 ~ 7cm 为宜。

1. 放　水

在离地面 30cm 左右的主干上，用手锯分 2 ~ 3 条螺旋状锯口，深到木质（将皮层锯透）（图 1-9）。

图 1-9 砧木放水

2. 嫁　接

在砧木嫁接部位截断，削光皮层毛茬。在砧木截口侧面选一通直光滑处，由下向上削去老皮，长 5 ~ 7cm，露出嫩皮 1 ~ 2mm 厚皮层。根据接头粗细情况，一个接头可嫁接 1 ~ 3 根接穗，接穗长度要基本一致。将接穗下端削一长 6 ~ 8cm 的削面，刀口一开始就向下并超过髓心。用手将削面顶端捏开，使皮层和木质部分离。把接穗木质部插入砧木木质部和皮层之间，使接穗皮层紧贴在砧木皮层的削面上，然后用塑料条将接口缠紧（图 1-10）。

图 1-10 插皮舌接

3. 保湿处理

用一报纸卷成筒套在接口上，纸筒上部高出接穗顶部 2～4cm，纸筒下部低于绑塑料绳处，再用塑料绳将底部绑好。然后用细碎的湿润土填满纸筒，并用木棍将接口部位的土插实，然后再用塑料袋自上而下套住，最后用塑料绳将基部扎牢，中间部分也适当绑扎（图 1-11）。

图 1-11　接后保湿

三、接后管理

1. 除　萌

及时去掉砧木上的萌蘖，若接穗死亡，萌芽可保留一部分，以便芽接补救或恢复树冠后再进行改接。

2. 放　风

接后 20 天左右接穗开始萌发，当新梢长出土后，可将袋顶部开一口，让嫩梢顶端自然伸出，放风口由小到大，分 2～3 次打开。当新梢伸出袋后，可将顶部全打开（图1-12）。若无新梢长出，此时也要将袋打开，将土去除，促使中下部萌芽生长。

图1-12 放 风

3. 绑支柱

当新梢长到 20～30cm 时，将土全部去掉（图1-13），及时在接口处设立支杆（图1-14），将新梢牵引绑结在支杆上（先将塑料绳固定在竹竿上，再拢住新梢），随着新梢的加长要绑缚 2～3 次，防止被大风刮断。

图1-13 解 袋　　　　　　　图1-14 绑支柱

4. 解　绑

接后 2 个月左右，要将接口处的绑绳解掉（图 1–15），防止绞缢。

解去接口绑绳

图 1-15 解　绑

5. 疏花、整形

新梢萌发后若有雌花，及早疏掉。在新梢 20 ～ 30cm 时，要根据整形需要，疏掉多余新梢枝，尤其是早实品种萌芽率高，同一节位的 2 个芽往往都能萌发，其他节位的芽萌发良好情况下，一般一个节位留 1 壮梢即可。长势旺的用于培养侧枝的新梢，可在长至 50cm 左右时摘心促分二次枝。8 月上旬，对所有未停长的新梢摘心。

6. 越冬防寒

主干刷白，1 年生枝用双层包被法防寒，对于接口愈合不好或砧木较粗愈合部分未超过粗度一半时最好用编织袋套住主干和接口，装入湿土至接口以上 30 ～ 50cm 来进行防寒处理。

第四节　核桃园的建立

一、园地的选择

1. 土壤条件

园地应选择背风向阳的山丘缓坡地、平地及排水良好的沟坪地。以土质疏松、保水透气性较好的壤土和沙壤土为宜，土层厚度应在 1m 以上（有好的水浇条件，土层大于 0.5m 也可建园；若土层小于 0.5m，则必须进行扩穴改土）。

2. 排灌和环境条件

核桃耐旱、怕涝，但不能缺水，建园要做到旱能灌、涝能排。

3. 栽植密度

在土壤条件较好情况下，早实品种株行距为（4 ~ 5）m×（5 ~ 6）m，晚实品种株行距为 6m×（6 ~ 8）m。立地条件越差，栽植密度应越大；立地条件越好，栽植密度应越小。

二、栽　植

1. 栽植时期

春栽，苗木发芽前完成，一般栽后能及时浇水的地块多采用春栽。秋栽，在苗木落叶后至土壤封冻前完成，一般在水源不充足而秋末冬初（落叶后）土壤墒情较好的地块多采用秋栽。

2. 挖定植坑

定植坑直径和深度均为 0.8 ~ 1m，回填表土与有机肥的混合物，每个定植坑内混施腐熟厩肥 20 ~ 25kg，底部可掺入秸秆、杂草等有机物，边回填边塌实，回填至离地面 30cm 处，然后灌水沉实。水渗后，将土回填至坑满，保证栽苗时根系不直接接触到有机肥，然后准备定植。有条件的地块也可用挖掘机挖定植沟，将土肥混合好后施入沟的中下部，上部回填土，定植时随挖坑随定植。

3. 栽植技术

（1）春季栽植技术。栽植前将苗木的主根和较粗的侧根轻剪一斜面，剪除伤残根，露出新茬，有利于发新根。0.6m以下顶芽饱满的苗子不定干，顶芽不饱满的苗子剪口下留壮芽定干；0.6m以上的大苗可以定干到0.6～1.0m，剪口下留壮芽，剪口离芽1.0cm左右，然后套上塑料管或缠上塑料条，用塑料条缠时中上部的芽要漏出（图1-16）。若栽植时期较晚，正值萌芽期，可不套塑料套。根据苗木根系大小挖坑，将苗子放正，根系摆好，回填湿土，塌实，使根颈土痕与地面齐平（图1-17），不要将苗木栽植过深，过深缓苗慢，树体生长慢。浇透水，水渗后，平整树盘，覆膜。

注意：套塑料管栽植的苗木，萌芽后逐步开口放风，不要新梢长长后一次去袋。

图 1-16 核桃苗缠塑料条处示意图

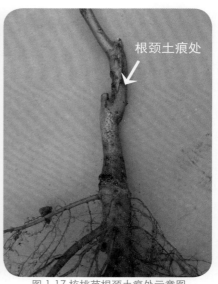

图 1-17 核桃苗根颈土痕处示意图

（2）秋季栽植技术。苗木处理及栽植同春季栽植不同之处在于：不用套塑料套或缠塑料条，也不用覆地膜，栽后几天土壤开始上冻时，进行埋土防寒。埋土防寒：在树干基部嫁接口的反向培一土枕，然后将主干弯扶在土枕上，用半湿半干土随弯随埋，厚度 30 ～ 40cm。若树干较粗不易弯倒，可适当斜栽。春季发芽前将苗扒开，扶正，修整树盘，浇水，覆膜。主干用塑料条缠好，中上部的芽要漏出，新梢长到 4 ～ 5cm 后去除。

注意：切忌苗木栽植过深，过深苗木生长缓慢，易形成小老树。

4. 栽后管理

芽萌发后，塑料套管先开洞放风（图 1-18），2 ～ 3 天后去掉。缠塑料条的，应在新梢长到 4 ～ 5cm 后一次解掉。及时去除雌花和接口下萌发的萌蘖（图 1-19）。

图 1-18 套管萌芽后放风

图 1-19 去除萌蘖

三、幼树越冬防寒

在定植后 1 ～ 3 年要对幼树进行冬季防寒和防抽条的工作。

1. 越冬前准备

8 月以后要适当控水、控肥，7 月底至 8 月上旬对于未停止生长的过旺枝条要轻度摘心，以控制虚旺生长，促进枝条的充实，提高枝条的抗寒性。土壤上冻前，浇一次冻水，树盘下可以铺秸秆、薄膜保墒，提高树体的越冬能力。

2. 防寒措施

（1）埋土防寒。在冬季土壤封冻前，把幼树轻轻弯倒，使顶部接触地面，然后用土埋好，埋土的厚度视各地的气候条件而定，一般为 20 ～ 40cm（图 1-20）。待第 2 年春季萌芽前，及时撤去防寒土，把幼树扶直。

图 1-20 埋土防寒

（2）填土防寒。对于粗矮的幼树，弯倒有困难时，可用编织袋将幼树套住，再装湿土封严，填土要超过植株顶端 10cm（图 1-21）。第 2 年春季发芽前 10 天左右解除防寒。

图 1-21 填土防寒

（3）双层包被法。对不能进行埋土防寒的核桃幼树，要对一年生枝条进行双层包被法防寒。具体做法：先用报纸条或卫生纸缠一层，然后用塑料条自下而上一圈压一圈薄薄地再缠一层，缠紧绑好，要防止进水和大风吹开。下雪天，枝条上若有积雪，雪后要振落积雪，防止雪融化后进水。早春如遇下雨天进水，要及时解绑，防止闷芽（图1-22）。第2年春季发芽前10天左右解除防寒。

图 1-22 双层包被法防寒

第五节　土肥水管理

一、土壤管理

1. 间　作

核桃幼树期，在不影响树体生长前提下，可进行行间间作。当核桃园近郁闭时，一般不间作，有条件的可发展树下养殖或培育食用菌等。间作作物以矮秆作物为主，如豆类、花生、薯类等，树旁留出足够空间。

2. 自然生草

自然生草的果园，一般每年生长季节进行割草3～5次，在雨水多的年份可再进行1～2次翻耕，以涵养水分、增加土壤透气度，深度10～20cm左右（图1-23）。

图 1-23 土壤深耕

3. 覆膜（或地布）

覆膜有保墒，抑制杂草，增加土壤温度等作用。尤其新栽幼树，春季浇水后或干旱区雨季临近结束时覆膜，可以起到很好的保墒效果。

二、施肥技术

施肥以有机肥为主，化肥为辅；以施基肥为主，追肥为辅。

1. 基　肥

以腐熟的有机肥为主，在果实采收后到落叶前尽早施入，也可在春季萌芽前施入。根据树体大小，幼树 25 ～ 50kg/ 株，盛果期树 50 ～ 100kg/ 株。

2. 追　肥

根据土壤肥力，适量进行追肥。若土壤肥力较好且基肥使用充足，可适量少追或不追肥。

（1）萌芽前追肥。幼树施尿素 100 ～ 200g/ 株，成龄树 200 ～ 300g/ 株。

（2）果实发育期追肥。一般在 5 月中、下旬进行。幼树施尿素50 ～ 100g/ 株、过磷酸钙 100 ～ 150g/ 株、氯化钾 30 ～ 50g/ 株。成龄树施尿素 100 ～ 150g/ 株、过磷酸钙 150 ～ 200g/ 株、氯化钾 50 ～ 100g/ 株。

（3）核仁发育期追肥。一般在 7 月上旬进行，以磷、钾肥为主。幼树施过磷酸钙 200 ～ 300g/ 株、氯化钾 50 ～ 100g/ 株。成龄树施过磷酸钙 300 ～ 500g/ 株、氯化钾 100 ～ 200g/ 株。

3. 施肥方法

（1）条状沟施肥。用于幼树和密植园施基肥。在株间或行间的树冠内侧挖 1 ～ 2 条沟，沟长为冠径的 2/3 或与冠径相等（或整行挖通），沟宽 40cm 左右，沟深 50cm（图 1-24）。每年在行间或株间轮换挖沟施肥。

图 1-24 条状沟施肥

（2）放射沟施肥。用于成年散生大树施基肥，以树冠外围向内 2/3，向外 1/3，挖 4 ～ 8 条宽 30cm，深 40cm ～ 50cm 的放射状沟。尽量少伤直径 1cm 以上的大根，位置每年错开。若树冠较大，可挖成内外交错的两排施肥沟（图 1-25）。

图 1-25 放射沟施肥

（3）穴状施肥。用于追肥。以树干为中心，从冠径 1/2 处到树冠边缘，挖若干长宽 20cm×20cm，深 10～15cm 的施肥穴，将肥料施入穴中，封土后灌水。

三、水分管理

一般年降雨量达到 600～800mm 基本能满足核桃对水分的需求。北京地区，常出现春、初夏干旱，需灌水。

1. 灌水时期

一般每年可在萌芽前、5 月中下旬、果实采收后至土壤结冻前需灌水 2～3次，其中萌芽水和防冻水应尽量保证。

2. 蓄水保墒

水源不足的地块，在干旱季节灌水后或雨后树盘下可以覆草或覆膜保墒，利用鱼鳞坑、小坎壕、蓄水池等水土保持工程拦蓄雨水，冬季也可积雪贮水。

3. 排　涝

核桃对地表积水和地下水位过高都很敏感。积水时间过长，叶片萎蔫变黄，严重时整株死亡。地势平坦或较低洼的地块，应有排水沟，降水量过大时，可及时排涝。

第六节 整形修剪

核桃幼树整形修剪一般在春季萌芽期进行；成龄核桃园一般在秋季采果后及早进行。整形修剪的目的就是培养良好的树体结构，使树体四周、上下、内外树势均衡，通风透光良好，使各枝条保持生长健壮，实现果实可持续优质丰产。

一、核桃幼树的整形与修剪

核桃幼树阶段是指从苗木定植到进入结果盛期。早实核桃为 7 ～ 8 年；晚实核桃为 10 ～ 15 年。此阶段的主要目的是整形，通过修剪措施培养良好的树体结构和充足的枝量，使树体四周、上下、内外树势均衡，通风透光良好。

（一）定 干

1. 定干时间

早实核桃栽后当年或第 2 年进行，晚实核桃栽后 2 ～ 3 年进行。

2. 定干高度

早实核桃密植园干高 50 ～ 80cm，间作园和零星栽植的树干高 80 ～ 120cm。晚实纯核桃园干高 60 ～ 100cm，间作园干高 120 ～ 150cm。如果考虑到果材兼用，干高可达 2m 以上。

3. 定干方法

春季萌芽期，定干高度短截，剪口下留壮芽，剪口距芽 1cm 左右。

（二）树形培养

1. 树形种类

开心形：无中央领导干，在主干不同方位选留 3 ～ 4 个主枝（图 1-26A）。此树形适合于立地条件较差和密植的园片。

疏散分层形：在中央领导干上选留 5 ～ 7 个主枝，分 2 ～ 3 层配置（图 1-26B）。此树形适合于立地条件好和稀植的园片。

变则主干形：在中央领导干四周上下均匀选留 5 ～ 7 个主枝，不分层（图

1-26C）。此树形适合于大冠稀植的园片和果粮间作的地块。

2. **树形的培养**

按树形（图1-26）要求在主干或中央领导干不同方位选留壮芽或生长健壮的枝条，逐年培养成主枝。

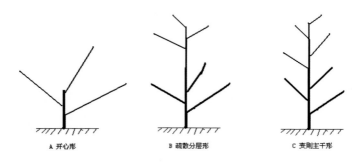

A 开心形   B 疏散分层形   C 变则主干形

图1-26 核桃树主要树形结构简图

3. **主枝的培养**

春季萌芽前，对要培养成主枝的一年生枝条进行短截（图1-27A），一般保留50～60cm，枝条较长，可适当长些。对不够长度的枝条，若较壮并且顶芽饱满，则不用短截；如果顶芽不饱满或有损伤，则剪口下留壮芽短截。短截位置要在芽以上1cm左右处，通过剪口芽的方向来调整主枝的方位和长势，若枝条长势较弱，可留上芽；若枝条长势较强，可留下芽。

第2年春季萌芽前，对主枝头和侧枝继续进行短截（图1-27B），主枝头继续向前生长以扩大树冠，侧枝上萌发的枝条根据空间大小决定去留，留下的枝条作为结果母枝或结果枝。第3年以后，只要有继续生长的空间，就对较长的主、侧枝头进行短截，以培养新的侧枝和结果母枝，直到树与树之间近似交接。

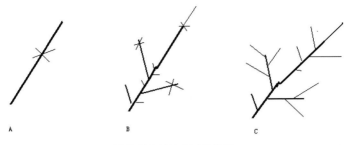

图 1-27 核桃主枝培养过程简图

4. 修剪中的注意事项

（1）整形修剪无定法，总的要求就是培养足够枝量，维持均衡树势，并且使每个枝叶有良好的通风透光条件。在保证通风透光的前提下，尽量保留。

（2）到 7 月底，对仍生长旺盛（没停长）的新梢要进行摘心，摘心后若再萌发，将新萌发的新芽抹掉，以促进枝条生长充实（图 1-28）。

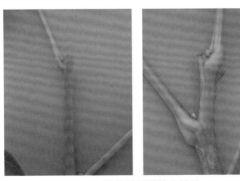

图 1-28 核桃新梢摘心效果

（3）主、侧枝的选留，尽量做到均衡树势和主次分明。所谓主次分明是指中央领导干的长势要强于主枝，主枝头的长势要强于侧枝。通过拉枝、多留果、剪口留下芽等措施来缓和枝条长势；反之，通过疏果、剪口留上芽、抬高枝条角度等措施来增强枝条长势。

（4）早实核桃品种侧芽萌芽率高，在主枝培养过程中，萌芽后可将离枝头新梢很近的新梢抹去。对长势很强的侧枝新梢，可在 5 月中下旬进行摘心或短截，促发分枝，加快成形；分枝新梢 7 月底未停长则要摘心，促进生长充实，并且入冬后进行双层包被防寒。

　　（5）早实核桃幼树在整形过程中，萌芽后大多为结果枝，用于培养枝头和侧枝的结果枝则需将果疏掉，使其萌发二次枝，继续延长生长（图 1-29）。若萌发 2 个并行二次枝，需疏除 1 弱枝或短截（图 1-30）。若树势较旺，萌发二次枝较多，则根据空间大小和主侧枝培养决定去留（图 1-31）。

图 1-29　早实核桃结果枝疏果后萌发二次枝

图 1-30　二次枝修剪

图 1-31　二次枝修剪

二、盛果期核桃园的整形修剪

处于结果盛期的核桃园，树冠骨架已经基本形成。这时修剪的主要任务是改善树冠内的通风透光条件，更新结果枝组，以保持稳定的长势和产量。

1. 清理无用枝

主要是疏除树膛内过密、重叠、交叉、细弱、病虫和干枯枝。

2. 疏　枝

早实核桃的侧生枝结果枝率较高。每个结果枝常萌发 1 ~ 3 个新的结果枝，根据空间大小，留 1 ~ 2 个健壮枝，以维持本空间枝组的长势和果实产量（图 1-32）。

图 1-32 疏枝前（左）和疏枝后（右）

3. 回　缩

当结果枝组明显减弱或出现枯死时，可通过回缩使其萌发长枝，再轻度短截，可发出 3 ~ 5 个结果枝，根据空间大小选留（图 1-33）。

图 1-33 回缩前（左）和回缩后（右）

第七节　果实采收与采后处理

一、果实采收

当核桃青皮由绿色渐渐变淡，呈黄绿色或黄色，有近 1/3 的果实青皮出现裂缝，容易剥离时，即可采收（图1-34）。过早采收，出仁率、脂肪含量会降低；但过晚采收，种仁颜色会加深。北京地区一般在 8 月底至 9 月中旬采收，大多集中于白露前后。

图 1-34 成熟果实青皮开裂

二、采后处理

1. 脱青皮

核桃采收后，易离皮的青果要立即脱去青皮。对不易脱青皮的果实，可将青果堆放在庇荫通风处，厚度 30～50cm，一般 3～5 天即可离皮，切记不要堆放过厚、时间过长，更不能装在不透气的塑料袋内，否则青皮易腐烂变黑而污染果壳。也可用 3000～5000ppm 的乙烯利溶液浸蘸青

图 1-35 小型机械脱青皮

果，然后堆成 30cm 左右厚度，放置在背阴通风处，2～3 天后即可离皮。

注意：青皮有伤、腐烂的果实要单独堆放，单独处理。

若核桃果实量大，有条件的可采用机械脱青皮，目前国内有许多厂家生产一些小型脱青皮的机械，一般每小时可处理 1～2t，并且有的可脱青皮、清洗一次完成（图1-35），大大提高工作效率。

2. 清　洗

一般核桃坚果用清水清洗干净即可，无需漂白。对于确需漂白的厚壳核桃，可配制漂白液漂洗，一般 1kg 漂白粉加 6 ～ 8kg 温水化开，再兑入60 ～ 80kg 清水即配成漂白液。将要漂洗的湿核桃倒入漂白液，搅动 8 ～ 10分钟，当果壳变得较白时捞出，用清水冲洗干净。

注意：薄壳核桃，尤其是果壳露仁的核桃不能漂白。

3. 干　燥

核桃干燥方法主要有日晒自然干燥和烘烤 2 种。洗好的坚果应在竹箔或高粱秸箔上阴干半天，再晾晒，坚果摊放的厚度不应超过两层果。一般经 5 ～ 7天即可晾干。烘干可用火炕或烘干机，前期温度宜 25 ～ 30℃，最主要是保持通风以排除大量湿气，后期提高温度至 35 ～ 40℃。

第八节 核桃病虫害防治

一、病虫害综合预防

病虫害防治以预防为主，防、治结合。以下是果园管理的基础工作，做好可以大大减少病虫的危害。

1. 树干涂白

涂白可减轻日灼、冻害等危害，兼治树干病虫害。在落叶后到土壤结冻前进行。涂白剂的配制：①石灰：石硫合剂原液：食盐：水：豆汁 =10 : 2 : 2 : 36 : 2；②水：石灰：食盐：硫黄粉：动物油 =100 : 30 : 2 : 1 : 1，混匀（图1-36）。

图 1-36 核桃树干涂白

2. 彻底清园

萌芽前进行，要彻底清扫果园中的枯枝落叶、病僵果和杂草，集中烧毁或堆集起来沤制肥料，可降低病菌和害虫越冬数量，减轻病虫害的发生。

3. 喷施石硫合剂

萌芽前，全树喷施 3 ～ 5 波美度的石硫合剂，不留死角。可以预防病害，杀灭蚜虫、红蜘蛛等害虫虫卵。

二、常见病害及其综合防治

（一）常见病害

1. 核桃细菌性黑斑病

核桃黑斑病（图 1-37）又叫核桃黑斑病、核桃黑、黑腐病。

图 1-37 核桃黑斑病病叶、病果

（1）病害症状。病菌主要危害果实，其次是叶片、嫩梢及枝条。核桃幼果受害后，开始在果面上出现黑褐色小斑点，后形成圆形或不规则形黑色病斑并下陷，外围有水渍状晕圈。果实由外向内腐烂，常称之为"核桃黑"。

幼果发病，因果壳未硬化，病菌可扩展到核仁，导致全果变黑，早期脱落。当果壳硬化后，发病病菌只侵染外果皮，但核仁不同程度地受到影响。

（2）防治方法。①选用抗病品种，一般华北等地的晚实核桃抗病性要强于新疆早实核桃。②加强栽培管理，保持健壮均衡的树势，增强树体的抗病能力。③可适当稀植，并提高定干高度，使树体保持良好的通风透光条件。④结合修剪清除病枝、病果并烧毁，减少初次感染病源。⑤及时防治举肢蛾、蚜虫等害虫，减少伤口和传播媒介。⑥药剂防治应抓住两个关键防治期：雌花出现前和幼果期，可用 50ppm 的农用链霉素 +2% 硫酸铜、半量式波尔多液、70% 甲基托布津 800 倍液、40% 的退菌特 800 倍液等。

2. 核桃炭疽病

果实受害后引起早期落果或核仁干瘪，影响产量和品质。

（1）病害症状。炭疽病是核桃果实的一种主要病害，果实受害后，果皮上出现圆形或近圆形病斑，中央下陷并有小黑点，有时呈同心轮纹状，空气湿度大时，病斑上有粉红色突起（分生孢子盘和分生孢子）。严重时，病斑连片，使果实变黑腐烂或早落（图 1-38）。

图 1-38 核桃炭疽病病果

(2) 防治方法。①选用抗病品种，一般晚实核桃抗病性要强于早实核桃。②合理控制密度，加强栽培管理，改善通风透光条件，提高树体营养水平，增强树势，提高抗病能力。③及时检查，结合修剪，剪除病虫枝、清除病果并集中烧毁并集中烧毁，用 50% 的甲基托布津或 65% 代森锰锌 200～300 倍液涂抹剪锯口和嫁接口部位，并进行树干涂白。④喷药防治。发芽前可喷 3～5 波美度的石硫合剂，生长期及时摘除病果，喷施杀菌剂，发病严重的园片，可半月喷施 1 次。

3. 核桃腐烂病

又名黑水病（图 1–39）。从幼树到大树均有受害。核桃进入结果期后，如管理不当，缺肥少水，负荷太大，树势衰弱，腐烂病发生严重造成枝条枯死，结果能力下降，严重时引起整株死亡。

图 1-39 枝干病害治疗

（1）病害症状。核桃腐烂病主要危害枝干树皮，因树龄和感病部位不同，其病害症状也不同，大树主干感病后，病斑初期隐藏在皮层内，俗称"湿囊皮"。有时多个病斑连片成大的斑块，周围聚集大量白色菌丝体，从皮层内溢出黑色粉液。发病后期，病斑可扩展到长达 20～30cm。树皮纵裂，沿树皮裂缝流出黑水（故称黑水病），干后发亮，好似刷了一层黑漆。幼树主干和侧枝受害后，病斑初期近于梭形，呈暗灰色，水浸状，微肿起，用手指按压病部，流出带泡沫的液体，有酒糟气味。病斑上散生许多黑色小点，即病菌的分生孢子器。当空气湿度大时，从小黑点内涌出橘红色胶质丝状物，为病菌的分生孢子角。

（2）防治方法。①选择好园地，加强栽培管理，提高树体营养水平，增强树势，提高抗病能力。②选用抗病品种，一般华北等地的晚实核桃抗病性要强于新疆早实核桃。③及时检查，发现病斑及时刮治，方法见本节（二）病害综合防治，将刮除的病皮病斑集中烧毁。④冬前结合修剪，剪除病虫枝并集中烧毁，用 50% 的甲基托布津或 65% 代森锰锌 200～300 倍液涂抹剪锯口和嫁接口部位，并进行树干涂白。

（二）核桃病害综合防治

在做好上述综合预防工作基础上，对新建和病害很少的果园，每年 6～8 月喷施 1～3 次保护性杀菌剂即可，雨水较多的年份可多喷 1～2 次。保护性杀菌剂可选用波尔多液、代森锰锌等。对已有病害发生的果园可采取以下措施：

（1）有枝干病害的果园，必须进行刮除疗法。 3、4 月份为枝干病害高发期，枝干病害较重，必须将病斑刮除；若较轻，将外皮刮掉，用小刀每 5mm 左右纵向划割，深达木质。然后涂 4～5 倍的"果富康"（又叫"9281"，其有效成分为过氧乙酸），要涂匀涂透，2～3 小时后涂第 2 次，第 2 天再涂 1 次即可（图 1-39）。也可按说明书用其他治疗果树腐烂病的药剂。

（2）坐果后，一般在 5 月上旬，叶面喷施内吸性低毒杀菌剂 1 次。药剂可选用多菌灵、甲基托布津等。

（3）雨季前，一般在 6 月上旬，叶面喷施内吸性低毒杀菌剂 1 次。药剂选用同上。

（4）雨季，6 月中旬至 8 月中旬，根据雨水多少和病害程度，喷施保护性杀菌剂 2 ～ 4 次。

三、主要虫害及其防治

以核桃举肢蛾为例，进行介绍。

1. 危　害

主要危害果实，幼虫蛀入危害，在青皮内蛀食多条隧道，充满虫粪，被害处青皮变黑，危害早者种仁干缩、早落，晚者变黑，俗称"核桃黑"（图 1-40）。

图 1-40 核桃举肢蛾

2. 防治方法

（1）在采收前，即核桃举肢蛾幼虫未脱果以前，集中拾、烧虫果，消灭越冬虫源。

（2）采用性诱剂诱捕雄成虫，减少交配，降低子代虫口密度。5 ～ 6 月挂杀虫灯诱杀成虫。

(3) 冬季翻耕树盘，对减轻危害有很好的效果，将越冬幼虫翻于 2 ～ 4cm 厚的土下，成虫不能出土而死。一般农耕地比非农耕地虫茧少，黑果率也低。

(4) 药剂防治：幼虫初孵期（一般在 6 月上旬至 7 月下旬），每 10 ～ 15 天喷每毫升含孢子量 2 亿～ 4 亿白僵菌液或青虫菌或"7216"杀螟杆菌（每 g100 亿孢子)1000 倍液（阴雨天不喷，若喷后下大雨，雨后要补喷）。也可采用 40% 硫酸烟碱 800 ～ 1000 倍液，使用时混入 0.3% 洗衣粉可增加杀虫效果。

一般害虫若量少不造成危害，可不治，利用天敌实现生态防治。若有危害，可在幼虫期见虫喷施药剂，有趋光性的害虫在成虫期挂杀虫灯。

第二章
桃树栽培管理技术图解

改革开放以来，随着市场经济的发展，人们生活水平的逐步提高，广大农业生产者，靠传统的粮食生产难以满足门头沟区人们对美好生活的需求。因此，农业种植结构调整也在不断深化。党的十九大报告中明确提出："十三五"期间是全面实现小康社会的攻坚阶段，小康路上一个也不能掉队。门头沟区地处京郊西部山区，土地资源少也相对贫瘠，靠传统的粮食生产难以实现小康。门头沟区有着丰富的旅游资源，不仅有古刹奇石和怪松，也是佛教圣地。春季青山绿水，夏季凉爽宜人，秋季硕果累累，是京城游客休闲，观光的首选之地。在门头沟区大力发展以休闲、观光、采摘为一体的生产模式前景广阔，不仅能使门头沟区农业生者增收，改善生活，同时也具有广泛的社会效益和良好的生态效益。桃深受广大消费者喜欢，它不仅有着丰富的营养价值，还寓意着吉祥和如意，有"仙桃""寿桃"之美誉。针对门头沟区的地域优势和自然条件，汇集了一些简易桃树基础技术和品种介绍，用图解的形式介绍给大家，供我区广大桃果生产者参考。

第一节　桃树育苗

在桃果生产过程中，苗木质量的好坏，会直接影响到桃树的生长和发育，因此，培育出优质的桃树苗木，是提高桃果产量和质量的一个重要环节。

1. 砧　木

在育苗过程中，通常采用两种种子作为桃树育苗的种子，培育砧木，即山桃核和毛桃核。

（1）毛桃生长速度快，在有条件的地方，可当年播种，当年嫁接，当年成苗出圃。能大大缩短育苗周期，节约生产成本。

（2）山桃具有适应性强，抗旱、耐寒、耐盐碱等特点。

2. 种子处理

（1）沙藏：11月上旬开始，先将种子用清水浸泡5天，让种子保持一定的水分。选择地势高，排水良好，背阴干燥处，挖沟深1～2m，宽0.8～1m，长度视种子的多少而定（图2-1）。

图 2-1 桃种子沙藏

先将沟的底部铺10～15cm厚沙，沙子的湿度以手握成团不滴水为宜，在沙子的上方铺放10cm厚的种子，再用相应的沙子覆盖，以此重复，直至将种子放完。然后把秸秆或稻草插入沟内，以便让种子通气。沙藏沟的上方，沙子适当要高出地面，并做成牛脊形，防止雨水灌入沙藏沟内。

（2）将种子用清水浸泡约10天，装进麻袋挖坑埋好，待来年解冻后备播（图2-2）。

图 2-2 桃种子储藏

3. 育苗地的选择及整地

应选择在地势平坦、排水良好的沙性土壤为好。地块选好后，在入冬前最好深耕一遍，这样可以冻死土壤中的害虫和病菌。第2年待解冻后，及时平整土地，施足底肥，并做畦，畦宽2m，长度视情况而定，为了便以浇水，畦的长度一般不超于10m（图2–3）。

图 2-3 桃育苗整地

4. 播　种

根据当地解冻情况适时播种，及时查看沙藏沟内种子是否露白。先挑选露白的种子，并将挑选的种子用"K84菌剂"拌种，"K84菌剂"具有消毒防根瘤的作用。

采用条播的方式进行播种，每畦4行，行距0.5m，开深5cm的沟，在沟内按5cm的距离摆放已用K84菌剂拌好的种子，用细土覆盖，厚度是种子的3～5倍。每播完一畦进行地膜覆盖，这样可以防止畦面水分蒸发和土壤板结（图2–4）。

图 2-4 桃播种

5. 出苗后的管理

待苗出土后，及时撕破地膜让轩（种子刚出地露白时）露于地膜外，以防止幼苗弯曲、黄化或烫伤幼苗。及时定苗，做好中耕除草及其病虫害防治工作，根据土壤墒情及苗木长势适时浇水施肥。在距地面10～15cm的高度内，及时除去侧生枝，让幼苗快速发壮增粗，以便达到嫁接要求。

6. 嫁　接

（1）嫁接时间：在门头沟区气候条件下，无论是山桃砧还是毛桃砧，在正常情况下，当年都很难培育成符合要求的成品苗。因此，嫁接时间多在春秋两季进行培育。春季在苗木萌芽前后，采用枝接或带木质芽接的方式，秋季嫁接可采用黏皮或带木质芽接的方式。

（2）接穗采集：首先要核实所需品种，最好是见果或按预先标记好的母树进行接穗采集，以免出现误差，影响以后给生产带来不必要的经济损失。采集前还应注意选择无病害与生长健壮的母树，应采集树冠外围生长充实、无病害的长果枝或徒长性果枝为好。

（3）接穗处理：萌芽前采用蜡封方式，目的是防止嫁接后，接穗在愈合期内水分蒸发。蜡封接穗时，蜡温控制 90～100℃ 为宜，温度过高会烫伤接穗的芽体；温度过低，会导致蜡皮过厚，嫁接后容易脱皮起不到保水的作用（图 2-5）。夏秋季采下来的接穗及时摘除叶片，留有叶柄，保湿放在地窖或短期放在阴凉处进行存放。

图 2-5 桃接穗处理

（4）嫁接方法：嫁接的方式很多，现介绍两种常用的嫁接方式，枝接和芽接。

①切接（枝接的一种）操作步骤

第一步：先将蜡封的接穗，平稳削成两个长短不一的斜平面，长面 2cm，短面 1cm（图 2-6）。

第二步：砧木距地面 5cm 以上部分剪除掉，在砧木的一侧距 1～2cm 处斜切一刀深达木质部，然后将削好的接穗插入用塑料布条绑扎好（图 2-7）。

图 2-6 接穗削平　　　　　　　图 2-7 接穗绑缚

第三步：绑缚。

②丁字形芽接

第一步：距地面 5cm 处，选择砧木平滑无创伤处横切一刀，再竖着一刀形成一个丁字形，不要伤到木质部（图 2-8）。

第二步：在接芽上方 1cm 横切一刀，在接芽的下方 1cm 处慢慢向上将接芽削开，取出接芽迅速插入砧木中，用塑料布条绑扎好，注意不要将叶柄绑在内（图 2-8）。

图 2-8 丁字形芽接

第二节 桃树定植与树形

随着桃树栽培技术的不断革新，定植密度和新的树形也在不断呈现，不同的定植密度应采用不同的树形。

1. 自然开心形

密度株距 4m，行距 5m。每亩 35 株，三主枝自然开心树形（图 2-9）。

树体结构：主枝、侧枝、抚养枝、结果枝组。

修剪原则：去强留弱，去直留斜，按长、中、短果枝修剪。

树形建造要点：定干，干高 30 ~ 50cm，三主枝均匀分布，开张角度 50°~ 60°，每个主枝上选 2 ~ 3 个侧枝，第一侧枝距主干 30cm，第二侧枝在第一侧枝的对侧相距 30cm，第三侧枝在第一侧枝同侧与第二侧枝相距 40cm。第一侧枝与第三侧枝之间配有抚养枝或预备枝。

树形特点：自然开心形骨架大而坚固，结果面大主次分明，缺点是稀植大冠，土地利用率低，进入丰产期时间也相对长，不利于新品种的推广和应用。

图 2-9 自然开心形

2.Y 字形

密度株距 2m，行距 4m。每亩 110 株（图 2-10 至 2-11）。

树体结构：两主枝对称向行间延伸，分别配有 3 ～ 5 个侧枝，侧枝分布结果枝组。

修剪原则：疏除背上枝和过密枝，果枝以长枝修剪为主。

树形建造要点：定干高度 60 ～ 80cm，当新梢长达 30 ～ 40cm 选留 2 个生长健壮，延伸方向适宜的新梢作为主枝，两主枝夹角 70°～ 80°。

第一侧枝距地面 80 ～ 100cm，第二侧枝在第一侧枝的对侧面与第一侧枝相距 30cm，第三侧枝在第一侧枝的同侧与第二侧枝相距 40cm。

Y 字形特点：相对密植，树冠通风透光均匀，果实分布合理，有利于优质丰产。

图 2-10 Y 字形树形

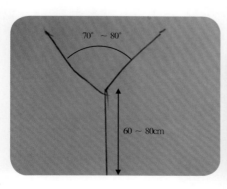

图 2-11 Y 字形修剪

3. 主干形

密度行距 3m，株距 1.5m。树体结构简单，主干周围均匀分布结果枝和小型结果枝组（图 2-12 至图 2-13）。

修剪方法：侧重夏季修剪，在 6 月上旬当副梢粗度超过 1cm 时，基部留桩，让其重新萌发新梢，促使形成花芽。冬春季，主要是疏除过密枝、重叠枝。

树形建造要点：定植最好选择两年生苗木，高度 1.3 ~ 1.5m 左右，剪掉副梢，定植后重新萌发新梢培养结果枝。

主干形特点：定植密度大（110~222 株/亩），树体小，方便管理，形成经济产量快，技术简单，容易掌握，更新速度快，有利于新品种的推广和应用。

图 2-12 主干形花期

图 2-13 主干形结果

第三节 桃品种介绍

1. '早玉'

北京市农林科学院林业果树研究所育成。平均果重200g，最大果重400g，果面二分之一以上，着红色晕，果肉白色，肉质硬脆，味甜浓，离核，果形美观，可溶性固形物含量13%，耐储运。北京地区成熟时间7月中旬（图2-14）。

图 2-14 '早玉'

2. '华玉'

北京市农林科学院林业果树研究所育成。平均果重270g，最大果重600g；耐运输，离核。北京地区成熟时间8月下旬（图2-15）。

图 2-15 '华玉'

3. '晚蜜'

北京市农林科学院林业果树研究所育成。平均果重230g，最大果重，400g，北京地区9月底成熟，黏核；硬溶质，品质好，风味佳，坐果率高，丰产（图2-16）。

图 2-16 '晚密'

4. '京玉' （'北京14号'）

北京市农林科学院林业果树研究所育成。平均果重260g，最大果重510g，北京地区8月中旬成熟。离核，肉质松脆，味甜，丰产性好，抗寒性好（图2—17）。

图2-17 '京玉'

5. '京艳' （'北京24号'）

北京市农林科学院林业果树研究育成。平均果重300g，全果可着红至深红色晕。北京地区9月上旬成熟。该品种外观艳丽，品质优良，丰产性好（图2—18）。

图2-18 '京艳'

6. '夏至早红'

北京市农林科学院林业果树研究所育成。平均果重145g，果面着色均匀，果肉白色，硬度高，丰产性好。北京地区6月底成熟（图2—19）。

图2-19 '夏至早红'

7.'瑞光 28'

北京市农林科学院林业果树研究所育成。平均果重 200g，大果重 350g，果皮底色黄色，果面的 80% 着紫红晕，黄肉，个大味甜丰产，北京地区 7 月下旬成熟（图 2-20）。

图 2-20　'瑞光 28'

8.'夏至红'

北京市农林科学院林业果树研究所育成的早熟油桃品种。大果重 200g，果肉黄白色，硬溶质，汁多，黏核，北京地区 7 月上旬成熟（图 2-21）。

图 2-21　'夏至红'

9.'瑞光 35'

北京农林科学院林业果树研究所育成的中熟白肉油桃品种，大果重 250g，果肉黄白，硬溶质，汁多，风味甜，离核，北京地区 8 月初成熟（图 2-22）。

图 2-22　'瑞光 35'

10.'早黄蟠桃'

平均果重 120g，果肉黄色，含糖量高，硬溶质，花粉多，丰产。品质好，风味佳，肚脐眼无开裂现象，北京地区 6 月底成熟（图 2-23）。

图 2-23　'早黄蟠桃'

11. '瑞蟠21'

北京市农林科学院林业果树研究所育成的晚熟蟠桃品种。平均果重230g，最大果重500g，果肉黄白，硬溶质，黏核，北京地区9月下旬成熟（图2-24）。

图2-24 '瑞蟠21'

12. '中油蟠4号'

中国农业科学院郑州果树研究所育成的油蟠桃品种，果形扁平，平均果重160g，大果重220g以上，果肉黄色，肉质致密不溶，质风味甜，有香气，黏核，北京地区7月中旬成熟（图2-25）。

图2-25 '中油蟠4号'

13. '映霜红'（极晚熟普通桃品种）

极晚熟品种，北京地区10月中、下旬成熟。平均果重220g，果肉脆甜可口，清香怡人，个大，耐储运，适用于延迟栽培，效益可观（图2-26）。

图2-26 '映霜红'

第四节　桃病虫害防治

1. 桃树细菌性穿孔病

初期主要危害叶片，多发生在靠近叶脉处，初生水渍状小斑点，逐渐扩大为圆形，褐色或红褐色病斑。发病后期，病斑干枯，脱落形成穿孔，严重时导致落叶。严重时果实受害，从幼果期即可表现症状，随着果实的生长，果面出现大小不同的褐色斑点。病斑多时连成一片，果面龟裂（图 2—27）。

图 2-27 桃树细菌性穿孔病对果实危害

（1）发病规律。此病由一种黄色短杆状的细菌侵染造成，病菌在枝条的腐烂部位越冬，第 2 年春天病部组织内细菌开始活动，桃树开花前后，病菌从病部组织中溢出，借风雨或昆虫传播，经叶片的气孔，枝条的芽痕和果实的皮孔浸入。一般年份春雨期间发生。夏季干旱时发展较慢，到雨季又开始后期侵染。病菌的潜伏期因气温高低和树势强弱而异。

（2）防治方法。在发病前 400 倍（生物农药：农用链霉素）液稀释喷洒，10 ～ 15 天用一次，病情严重时 300 倍液，7 ～ 10 天喷施一次。加强果园管理，增强树势，消灭越冬害虫，注意园内排水，合理修剪，提高抗病力。

（3）新建果园时，防止重茬，大力推广起垄覆盖，小沟灌溉新技术。

2. 桃树流胶病

流胶病主要发生在主干上，也可以危害果实，一年生枝染病，初时以皮孔为中心，产生疣状小突起，后扩大成瘤状突物，上散针头黑色小粒点，第2年5月份发生病斑，扩大开裂。溢出透明状黏性软胶，后变成茶褐色。质地变硬，吸水膨胀成冻状胶体，严重时枝条枯死，树势明显衰弱。果实染病初呈褐色腐烂状，后逐渐密生粒状物，湿度大时粒点口溢出白色的胶状物（图2-28）。

图 2-28 桃树流胶病

（1）发病规律。桃树流胶是由真菌浸染引起，树枝的染病组织越冬，第2年在桃花萌动前后产生大量的分生孢子，借风传播，从伤口皮层侵入，以后可反复侵染。高湿是病害发生的重要条件，高温多湿的季节是发病盛期，至9~10月中旬缓慢停止。特别是长期干旱后降暴雨，流胶病更严重。

（2）防治措施。加强栽培管理，增施有机肥，合理修剪，增强树势，提高树体抗病能力。

（3）防治方法。涂抹药防治：先用刀将病部干胶老翘皮刮除，并划几道口，然后采用以下几种方案：①将靓果安10~50倍+渗透剂，如有机硅等（面积要大于发病面积）7~10天一次。②使用流胶专用100倍液涂抹，7~10天一次。

3. 桃小食心虫

（1）发病规律。北京、河北一年发生 2 代以老熟幼虫做茧在土中越冬。越冬幼虫在门头沟地区一般 6 月初出土，6 月下旬是出土盛期。

（2）危害症状。桃小食心虫多从果的顶部蛀入，幼虫蛀果危害最为严重，幼虫蛀入后，从蛀果孔流出泪珠状果胶（图 2-29、图 2-30）。干后呈白色透明薄膜。随着果实的生长，蛀入孔愈合成一针尖大的小黑点，周围的果皮略呈凹陷。幼虫蛀果后，在皮下及果内纵横潜食，果面呈现出凹陷的浅痕，明显变形。近果实成熟期受害，一般果形不变，但果内虫道中充满红褐色的虫粪，造成所谓的"豆沙馅"，使果实无食用价值。

（3）防治方法。①果实套袋；果实套袋是防治桃小食心虫一个有效措施。由于实施套袋后，果实在袋内生长，有效地避免果实害虫的危害。②生物防治；桃小食心虫的天敌很丰富，如蚂蚁和步行虫是地面捕食其幼虫最好的天敌。③化学防治；用 15% 的乐斯本颗粒剂 2kg 或 50% 的辛硫磷乳液 500g 与细土 15 ~ 25kg 充分混合整平即可。乐斯本使用一次，辛硫磷 2 ~ 3 次。

图 2-29 桃小食心虫对新梢的危害

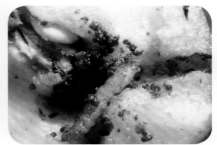

图 2-30 桃小食心虫

4. 桃蛀螟

（1）发生规律。桃蛀螟主要危害桃果实，使桃果无商品价值和食用价值，是重要害虫之一（图2-31、图2-32）。门头沟地区5月中旬至7月初幼虫蛀入果内进行危害。

图 2-31 桃蛀螟蛀入　　　　　图 2-32 桃蛀螟钻出

（2）防治方法。冬春季节清除在果园周围各类秸秆，如高粱、玉米、向日葵等，清除寄生源。刮除桃树老翘皮缝中的越冬幼虫和蛹。利用黑光灯诱杀成虫和药剂防控。在成虫发生期喷施5%的辛硫磷1000倍液，或高效氯氟氰菊酯乳油2000倍液，5%啶虫隆1000～1500倍液。

5. 桃粉蚜

（1）危害症状。桃粉蚜若虫群集在新梢和叶片背面吸汁，使叶片呈花状，且增厚卷缩，卷叶内虫体白色蜡粉，叶片灰暗，不能进行光合作用，造成叶片及早脱落新梢不能生长（图2-33、图2-34）。

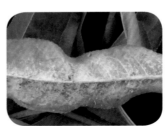

图 2-33 桃粉蚜　　　　　图 2-34 桃粉蚜粉状

（2）防治方法。在萌芽期喷施 2.5% 的溴氰菊酯乳液 2000 ～ 2500 倍液，20% 氰戊菊酯乳液 2000 倍液。抽梢展叶期，喷施 10% 的吡虫啉可湿性粉剂 2000 ～ 3000 倍液。亦可用天敌捕杀，如瓢虫等。

6. 潜叶蛾

（1）危害症状。桃潜叶蛾是一种小型蛾，但危害性极大，主要潜在叶面，吸收汁液，使叶片形成不规则类似丝状，从而导致穿孔叶片早落（图 2—35）。

（2）防治方法。入冬尽量不要在桃园周围堆放各类秸秆和树枝，以免招致成虫在内越冬。桃树萌芽初期打一次 3 ～ 5 波美度的石硫合剂。发芽期用 40% 速蚧壳乳液 1500 倍液，或 2.5% 功夫菊酯乳油 2000 倍液。每两周用一次药。6 月份是潜叶蛾高峰期，除使用药剂外，还可以用 1.8% 阿维菌素乳油 5000 倍液，或 20% 的灭扫利乳油 1500 倍液，或 50% 杀螟松乳剂 1000 倍液有良好的防治效果。

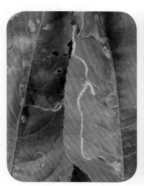

图 2-35 潜叶蛾

第三章
葡萄栽培管理技术图解

第一节　定植技术

一、定植前的准备

葡萄定植前的土壤准备工作包括深翻、施肥和改良土壤，为葡萄植株根系准备一个深厚、疏松、肥沃的生长环境。

（1）深翻：深翻可以增强土壤的持水力和透气性，加强土壤微生物的活动，改善葡萄根系营养，减少杂草和病虫的危害。深翻的深度应在葡萄根系分布层以下，一般为 70～80cm，干旱地区或山坡地，应达 1m 深。挖沟或挖坑均可，株距小时，宜挖沟，通常挖深宽各 0.8～1.0m 的带状沟，株距较大时可挖坑，直径和深度 0.8～1.0m。

（2）挖沟或挖坑时，应将表土和底土分开堆放，挖好沟后，再将土壤回填。回填土时，先将表土填入沟底，上面再放底土。填土时还要结合深施有机肥料。为了增加土壤的通透性和有机质，可在沟底先铺约 10～15cm 厚的粗有机物如秸秆和杂草等，然后再填土施肥。施肥方法可以用一层土一层肥交替填土施肥的方式。快填到沟满时，可浇一次透水，以沉实土壤。

（3）苗木准备：选好合格苗木，要求有 5 条以上完整根系，直径在 2～3mm 的侧根。苗粗度在 5mm 以上完全成熟木质化，其上有 3 个以上的饱满芽，苗木应是无病虫危害，若嫁接苗砧木类型应符合要求，嫁接口完全愈合无裂缝。

二、定植密度

由于葡萄的藤本特性，栽植后进入结果期早，不同栽植方式的葡萄园定植密差别较大，但为获得优质葡萄果实，对成龄或是进入盛果期的葡萄园，栽植密度要求相对比较严格。密度合理的葡萄园，即可保证葡萄的优良品质同时还能够最大限度地利用当地的光、热资源（表3-1）。通常，随着栽培年限的增长，树冠要留之相应扩大，由于各地的立地条件、气候特点及栽培管理水平（主要指肥水）不同，不同地区栽培葡萄的密度差别相差也比较大，在我国相对干旱少雨、土壤有机质含量偏少的西部地区，葡萄植株年生量较小，相应的株行距要缩短一些，而在大多数雨热同季的中东部地区，葡萄植株极性生长较强，树冠扩大较快，相应的株行距要加大或及时进行间伐以确保葡萄枝蔓生长平稳，树势中庸，结果正常。

表3-1 生产中较常采用的栽植密度

架式	行距（m）	株距（m）	栽植密度（株／亩）
单篱架	1.5～2.5	1.0～2.0	133～445
单篱架（高宽垂栽培）	2.5～3.5	1.5～2.0	76～178
双篱架	2.5～3.5	1.0～2.0	95～267
棚篱架	3.5～4.0	1.5～2.0	83～127
大棚架	8～10	1.0～1.5	58～83
小棚架	4.0～6.0	0.5～1.0	111～334
屋脊式小棚架	1+7.0～9.0	0.5～1.0	133～334

三、定植时应注意的问题

1. 挖　沟

葡萄是多年生藤本植物，寿命较长，定植后要在固定位置生长结果多年，需要有较大的地下营养体积。而葡萄根系幼嫩组织是肉质的，其生长点向下向外伸展遇到阻力就停止前进，为了使葡萄根系在土壤中占据较大的营养面积，达到根深叶茂，在栽植葡萄前要挖好栽植沟。

挖定植沟时间，北方地区一般在秋后至上冻前进行为好。山地葡萄园挖栽植沟要适当深和宽些，一般深、宽均为1m为宜，平地可挖各0.8m深的沟。先按行距定线，再按沟的宽度挖沟，将表土放到一面，心土放另一面，然后进行回填土（图3-1至图3-2）。

回填土时，先在沟底填一层20cm的有机物。平原地块，若地下水位较高，可填20cm炉渣或垃圾，以作滤水层。再往上填一层表土、一层粪肥，或粪肥和表土混合填入。每公顷需要7500kg优质粪肥，另外加入250kg磷肥。回填土时要根据不同土壤类型进行改良，若土壤黏重要适当掺砂子回填，改善土壤结构，有利于根系生长发育。当回填到离地表10cm时，灌水沉实定植沟，再回填与地表相平进行栽苗（图3-3）。

图3-1 挖定植沟

图3-2 土和肥拌匀

图3-3 定植前填平定植沟

2. 栽　苗

栽苗时期：北京地区在春季3月下旬至4月上旬为宜，长江以南地区可秋季栽苗，一般在11～12月较合适。栽苗前要对苗木进行适当修剪，剪去枯桩，对过长的根系留20～30cm剪截（图3-4）。然后放清水浸泡24小时，使其充分吸水（图3-5）。栽苗时挖穴，将苗木根系向四周散开，不要圈根，覆土踩实（图3-6），使根系与土壤紧密结合。栽植深度不宜过深或过浅，过深地温较低，不利缓苗；过浅根系容易露出地面而风干。一般嫁接苗覆土至嫁接口下部1cm处，扦插苗以原根际与栽植沟面平齐为宜。栽后灌透水一次，待水渗后再覆土，不让根系外露。在干旱地区栽苗后用沙壤土埋上，培土高度以超过最上1个芽眼2cm为适宜，以防芽眼抽干，隔5天再灌水1次，这样才能确保苗木成活。最好采用地膜覆盖，有利于提高地温和保墒，促生根系生长。

图 3-4 修剪根系

图 3-5 清水泡苗

图 3-6 踩　实

3. 定植苗木当年管理技术

当年定植后的苗木抹芽、定枝、摘心非常重要，当芽眼萌发时，嫁接苗要及时抹除嫁接口以下部位的萌发芽，以免萌蘖生长消耗养分，影响接穗芽眼萌发和新梢生长。待苗高20cm时，根据栽植密度进行定枝、疏枝，若株距较大一般留2枝，反之，则可疏除1枝。抹除多余的枝、留壮枝不留弱枝，使养分集中供给保留下来的枝有利于植株生长。当苗木1m高时，要进行主

梢摘心和副梢处理，首先要抹除距地面 30cm 以下的副梢，其上副梢一般留
1～2 片叶反复摘心，较粗壮的副梢可留 4～5 片叶反复摘心控制。当主梢
长度达 1.5m 时再次摘心。北京地区苗木管理较好到 9 月上旬一般植株可达
2m 左右，还要进行最后次主梢摘心。通过多次反复摘心，可以促进苗木加粗，
枝条木质化和花芽分化。冬剪时在充分成熟直径在 1cm 以上部位剪截，一般
主蔓留长度在 1～1.2m。主梢上抽发的副梢粗度在 0.5cm 时，可留 1～2 芽
短截，作为下年的结果母枝。

　　早期丰产栽培技术最关键的是肥水管理。当苗高在 40～50cm 时要进行
第 1 次追肥。由于定植苗木根系很小，用于吸收营养元素量也较少，因此，
要勤追少施，年追施 2～3 次即可，追肥时间 20～30 天一次，前期可追施
以氮肥为主，后期追施以磷钾肥为主，追肥后要及时灌水、松土、中耕除草。
同时要注意病虫害防治。

第二节　架式和整形修剪

一、葡萄的主要架式

　　葡萄栽培的架式决定了枝蔓管理的方式和叶幕结构类型，是栽植葡萄时
应考虑的问题。我国各地栽培葡萄使用的架式很多，基本上可以分为篱架和
棚架两大类。

1. 篱　架

　　架面与地面垂直或略为倾斜，葡萄枝叶呈篱壁状分布，所以叫做篱架。
篱架主要在干旱地区使用，生长势较弱的品种也应采用篱架方式栽培。目前
生产中使用较多的有单臂篱架、双臂篱架及 T 形架，其中双臂篱架的设架方
式有单十字形架、双十字形架、Y 形架等几种类型。

　　（1）单臂篱架。在葡萄行内沿行向每隔 5～6m 设立一根支柱，架高

1.0～2.0m，在支柱上每隔40～50m拉一道横线（一般用8# 或10# 铅丝）。一般共拉2～4道铅丝供绑缚枝蔓用（图3-7至图3-11）。

图 3-7 单臂篱架

图 3-8 双壁篱架

图 3-9 单十字 V 形架

图 3-10 双十字 V 形架

图 3-11 篱臂的 V 形架架面

（2）T形架。在单篱架的顶端沿行向垂直方向设一根60～100cm宽的横梁，使架面呈T形，故称T形架。在立柱上拉1～2道铅丝，在横梁两端各拉一道铅丝，也可在中间再加两道铅丝（图3-12至图3-13）。

图3-12 T形架

图3-13 T形宽顶篱架及结构

2. 棚　架

在立柱上设横杆和铅丝，架面与地面平行或略倾斜，葡萄枝蔓均匀绑缚于架面上形成棚面，目前北方主要使用的架形有倾斜式和平顶式，南方主要使用平棚架（图3-14至图3-18）。

图 3-14 倾斜式小棚架

图 3-15 大平棚观光廊架

图 3-16 庭院棚架

图 3-17 双向小棚架

图 3-18 平　棚

二、设　架

　　各种架式虽不尽相同，可因地制宜，通常选用当地生产的、比较经济的架材即可，如南方广泛使用的竹杆、北方使用的松木杆以及各式水泥杆，条件好的可使用寿命更长的钢架结构，无论哪种架材均要求设置牢固，具有一定的抗风能力（图 3-19 至图 3-23）。

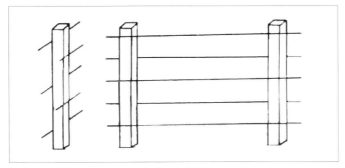

图 3-19 单篱架铅丝分布

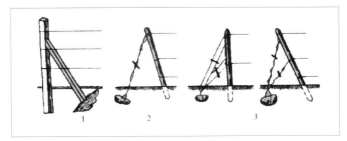

图 3-20 篱架边柱固定方法

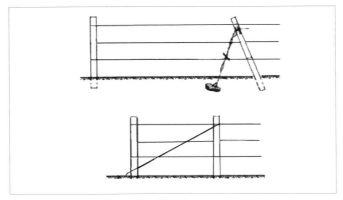

图 3-21 双边柱法

图 3-22 漏斗架

图 3-23 边　柱

三、整形与修剪

（一）主要树形

1. 双主蔓扇形

实行篱架栽培的地方，多采用无主干的双主蔓扇形。该种树形植株具有 2 个主蔓，每一主蔓上分生侧蔓或直接着生结果枝组，所有枝蔓在架面上呈扇形分布，株距约为 1 ~ 1.5m，每一主蔓上可着生 2 ~ 4 个或更多的结果枝组（图 3-24）。

图 3-24 双主蔓扇形

多年以后，双主蔓扇形易出现扇面中部光秃的现象（图 3-25），可适当用基部发出的萌蘖枝补空以提高篱架面利用率。

图 3-25 双主蔓扇形多年后树形

2. 多主蔓扇形

多主蔓扇形具有 2 个以上主蔓，每一主蔓上分生侧蔓或直接着生结果枝组，所有枝蔓在架面上呈扇形分布，株距约为 1.5m，每一主蔓上可着生 1 ~ 3 个结果枝组。根据植株结构和整形修剪要求的不同，又可分为自然扇形和规则扇形（图 3—26 至图 3—29）。

图 3-26 规则扇形 1

图 3-27 规则扇形 3 ： 4 主蔓规则扇形

图 3-28 规则扇形 4 ： 4 主蔓规则扇形

图 3-29 规则扇形 5 ： 3 主蔓扇形

3. 龙干形

龙干形主要用于棚架栽培。龙干长约 4 ~ 10m 或更长。在龙干上均匀分布许多的结果单位，初期为一年生枝短剪（留 1 ~ 2 芽）构成，后期因多年短剪而形成多个短梢（龙爪），每年由龙爪上生出结果枝结果，龙爪上的所有枝条在冬剪时均短或极短梢修剪；只有龙干先端的一年生枝长梢修剪 0.5 ~ 1.5m 左右（图 3—30 至图 3—31）。埋土防寒区的主蔓基部角度要尽量贴近地面，使埋土作业时对树体伤害最小（图 3—32）。

图 3-30 独龙干　　　　图 3-31 棚架独龙干上架　　　图 3-32 龙干主蔓基部角度

　　两条龙、三条龙或多条龙的整形方式，其基本结构与一条龙相同，但植株有一主干长约 0.5～1m，从其上分出两条、三条或多条龙干。

（二）主要树形的整形方法

1. 双主蔓扇形

　　双主蔓扇形整形过程（图 3-33）：① 深坑定植（低于地面15～20cm），当年选留基部 2 个新梢向两侧引缚生长，即为未来的主蔓；② 第 2 年，填平定植沟，顶端选一枝继续向两侧斜上延伸，至第二道铅丝附近剪截，中下部选留 1～3 枝留作下年度的结果母枝和将来的结果部位。③ 延长枝适架面及株距情况可适度延伸，中下部结果部位形成中短梢枝组配备，稳定结果部位。④ 树形及架面基本稳定，延长梢回缩更新，中下部枝组及时更新，可适当利用单枝更新调节各枝组间的生长势差异。埋土防寒区注意下部枝组与主蔓间的角度不可过直。

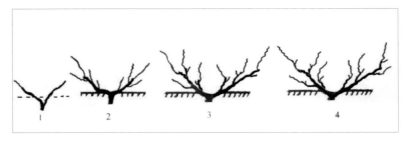

图 3-33 双主蔓扇形整形过程

2.多主蔓扇形

无主干多主蔓规则扇形整形过程（图3-34）：①深坑定植（20cm左右），植株在定植当年剪留2～5芽短截，次年长其上长出3～4个角度适宜枝作为将来的主蔓。②每一主蔓在第一道铅丝高度附近短截，顶端枝继续向上延伸，中下部枝可利用来结果，冬剪时，在主蔓上直接配备结果枝组。③顶端枝继续向上延伸至第二道铅丝附近，中下部枝结果，修剪时每一主蔓根据生长势强弱不同，剪留一枝组或超强枝组更新，注意下部做预备的短枝要能够长出1～2根中庸以上的枝条才行，否则会使主蔓中下部光秃。④结果枝组及时回缩更新，每年中长放的延长梢一定要剪去，从中下部选留适宜枝代替，保证架面枝梢稳定，产量稳定合理。

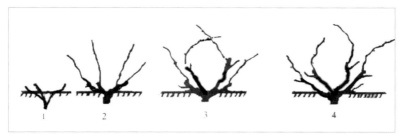

图3-34 无主干多主蔓规则扇形整形过程

在篱架扇形整形方式中，常采用中短梢相配合的修剪组合以控制树体结果部位和调节树势，这种修剪方式通常叫结果枝组修剪。

3.龙干形

龙干在棚面上保持合理的间距是调节架面枝叶密度的关键，短梢修剪的龙干之间的距离约70cm，如肥水条件很好，植株生长势很强，则龙干间距需增加1～1.5m或更大。

一条龙的整形过程（图3-35）：①用一年生苗或用充分成熟、健壮的插条定植。生长期对新梢进行摘心和截顶，促进增粗和成熟。冬季修剪时，不同地区剪留高度差别较大，生长量小的西北干旱地区每株选留一个健壮的新梢，将一年生枝留1～2芽短截，定植当年以养根为主；在东部雨水相对充足，土壤有机质高或肥水管理较好的地区当年生长量较大，可以根据粗度来定修剪长度，一般以剪口粗度为 0.8 ~ 1.0 为宜，定植当年可以在平架面以上第一至第二道铅丝处短截，不亦留得过长，以免下部光秃早期产量和树体成形。②第 2 年选留一位置偏上的强健新梢，引缚向上生长，作为龙干延长。其余新梢可利用结果，每梢一穗果，根据生长势不同可选留 1 ~ 4 穗果，以提高早期产量，但要注意结果不能影响延长顶端延长梢的正常健壮生长。主梢上的副梢，着生于基部 30cm 以下的完全除去，上部的副梢留 2 ~ 4 叶摘心，所有二次副梢均留 1 ~ 3 叶摘心。当主梢生长达 2m 以上，先端生长变慢时，可对其进行截顶，以促进枝条充分成熟。冬季修剪时，以剪口下枝条粗度保持在 1 ~ 1.2cm 为宜，一般可留长 1.5 ~ 2.5m 左右。③第 3 年，大量结果，第 3 年即可获得相当可观的产量（每亩约 1000 ~ 1500kg 或更多）。冬剪时，除顶端延长枝仍然长留以使龙干继续在棚面上向前延伸外，其余侧生的一年生枝一律剪留 1 ~ 2 芽，这些短枝就是龙爪的雏形。④第四年龙干继续延伸、

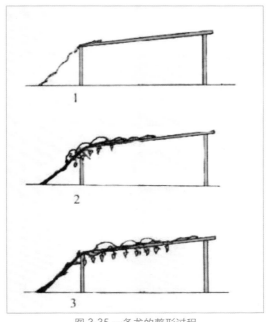

图 3-35 一条龙的整形过程

形成枝组，第四年除了龙干先端的长结果母枝外，又增加了许多侧生的短枝结果，葡萄产量基本稳定。冬剪时，所有从短枝上长出的成熟一年生枝，再度短截成 1～2 芽的短枝，龙干先端的一年生枝仍继续长留或适度回缩更新，这样，第四或第五年时，龙干整形基本完成，并进入盛果期。

在培养龙干时，为了埋土、出土的方便，要注意龙干由地面倾斜分出，特别是基部长 30cm 左右这一段与地面的夹角宜小些（约在 15°以下），这样可减少龙干基部折断的危险，龙干基的倾斜方向宜与埋土方向一致。

（三）整形修剪及枝蔓管理技术

1. 修剪的技术规则

（1）一年生枝短截：应选留生长健壮、成熟良好的一年生枝作为结果母枝。剪口粗度应在 0.8～1cm 左右，粗枝条适当长留，弱的短留。采用短梢修剪时，枝条多数留 1～3 芽或只留隐芽短剪。对长短枝组中的结果母枝，一般进行中梢修剪（留 5～9 个芽）或长梢修剪（留 10 个芽以上），对替换短枝一律留 2～3 芽短剪。剪截一年生枝时，剪口宜高出枝条节部 3～4cm，剪口向芽的对面略倾斜，在北方风大地区常采用破芽剪的方式（图 3-36 至图 3-38）。

图 3-36 一年生枝中短梢枝组修剪

图 3-37 破芽剪

图 3-38 破芽剪后

（2）疏枝：疏除一年生枝及老蔓时，应从基部彻底去掉，勿留短桩。同时要注意伤口不要过大，以免影响母枝的生长（图3—39、图3—40）。

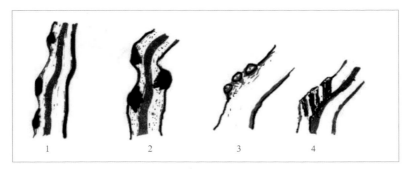

图 3-39 老蔓上疏枝剪口位置分布好坏示意图

注：①各相邻伤口排列在同一侧，有一定间距，对主蔓输导系统影响小，正确。②伤口相对排列，干死组织影响主蔓输导系统，不正确。③伤口过近，不正确。④过近连续疏枝，内部死组织会堵塞树液通道，不正确。

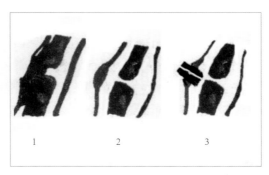

图 3-40 剪口愈合好坏对比示意图

注：①疏枝剪口离主蔓过近，形成凹面，死组织影响液流通道。②贴近主蔓，从基部正确疏枝后，干死组织不影响输导系统。③留残桩过大（大于3mm），形成干桩，伤口不易愈合，干桩开裂，各种病菌易从此侵染植株（图3-41至图3-44）。

图 3-41 修剪留干桩过长开裂

图 3-42 修剪留干桩过长无法完全愈合

图 3-43 节间处修剪

图 3-44 疏剪后长度适宜愈合较好

（3）剪口：剪子要足够锋利，确保剪口平整、光滑，修枝剪的窄刀面朝向被剪去的部分，宽刀面朝向枝条留下的部分（图 3-45 至图 3-46）。

图 3-45 剪刀口朝向

图 3-46 剪刀锋利剪口平整留压高度适宜

2. 冬季修剪技术

修剪时期一般在葡萄落叶后至埋土防寒之前进行。北京地区冬季修剪的最佳时期为 11 月上、中旬。修剪应该结合架势和树形进行，一般篱架采用中短梢混合修剪，延长枝剪留 6～8 个芽，结果枝剪留 3～4 个芽，预备枝剪留 2～3 个芽，每 667m^2（亩）留结果枝 3500 个左右。对多年生枝蔓及时进行更新修剪。

（1）结果枝组修剪：适用于篱架的扇形及篱棚架的龙干形整形。

①正常一短一长枝短截。②长短梢上的各枝条长势比较中庸，短枝上的两根枝可用做下年度的结果枝组情况下的剪留方法（图 3-47）。③短梢枝由于长势过弱、过强或是枝条距离太近而无法选留枝组，利用长梢较合适距离和长势枝选留长梢修剪。④短梢枝上长出的各枝均无法利用，通常为长势过弱，则利用长梢母枝上的枝条形成枝组。⑤长梢母枝上的各枝条延伸至架面上部，无法再利用，需及时回缩，又无合适的枝组可留，则选用单枝更新方式，下一年度再回到双枝枝组修剪。

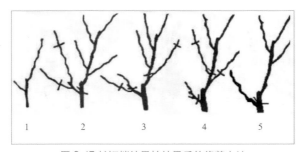

图 3-47 长短梢结果枝结果后的修剪方法

超强结果枝组修剪方法（图 3-48）：超强枝组的修剪过程，枝组生长势强旺且空间允许留有两个长梢作结果母枝一般可用该法修剪，此法可以利用枝组调节树势。①在底部短枝上选留一个枝条作为下年度的预备枝，其上选留 2 个中、长枝作结果母枝，注意空间在够大，以中梢修剪为适。②是修剪完后的枝组。③下一年度生长季节新梢分布情况冬剪前状态。④冬剪后又恢复为原有的结果枝组修剪方式。

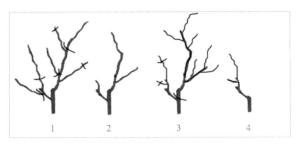

图 3-48 超强结果枝组修剪方法

篱棚架长短梢枝组配备（图 3-49）：篱回面上可适当配置枝组，但注意留枝不宜过密，以不影响主体结果部位的棚架面枝梢正常生长为好，多为提高早期产量而用，棚架面丰满后，篱架面上的枝梢将逐步提高或不留枝而形成平棚架面结果。

图 3-49 篱棚架长短梢枝组配备

扇形修剪枝组配备 1（图 3-50）：篱架面上不同植株间枝组配置。

扇形修剪枝组配备 2（图 3-51）：一株树上枝组配置实图，多数为长短梢枝组，个别为中长梢单更新。

图 3-50 扇形修剪枝组配备

图 3-51 扇形修剪枝组配备 2

（2）单枝更新技术（图 3-52、图 3-53）：在春季将结果母枝水平或弓形引缚，促进枝条基部芽眼的萌发和生长。在冬季修剪时将结果母枝回缩至基部第一新梢处，所留新梢剪留 5 ~ 8 节。适用于各种中、长梢修剪的架式或品种。单枝更新与长短梢枝组结合修剪时，单枝更新与结果枝组更新适具体情况常常混用。

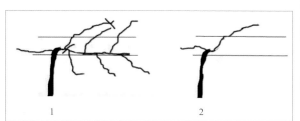

图 3-52 单枝更新

图 3-53 单枝更新与长短梢枝组结合修剪

（3）不同整形方式的冬季修剪：独龙干或双龙干的修剪：基本上以短梢或极短梢修剪为主，延长头可采用中长梢修剪；长短梢枝组修剪。（图 3-54 至图 3-57）

图 3-54 独龙干或双龙干的修剪

图 3-55 长短梢枝组修剪

图 3-56 剪除干枯枝

图 3-57 剪除卷须

3. 夏季修剪技术

（1）抹芽与复剪：在芽萌动后进行，抹去预备芽、弱芽、萌发的隐芽、萌蘖芽及过密的幼芽。进入结果期的葡萄，须抹除主蔓基部 40cm 以下的新梢和萌蘖枝，以减少病虫害的发生和营养消耗（图 3-58）。

复剪在伤流期以后开始（本地区在 4 月下旬），延长头复剪（图 3-59）分为三种情况。第一种：主枝头新梢生长健壮，只剪除冬剪时留下的干桩即可；第二种：主枝头生长弱，在下部找一个健壮新梢，培养成新的延长头；第三种：枝蔓中部芽眼未萌发，上下两端新梢间隔较长，在下部新梢中选一个做延长头。同时还要注意剪除出土碰伤的枝蔓，去掉干橛，清除架上的残枝卷须等。

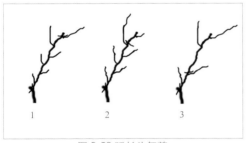

图 3-58 延长头复剪

图 3-59 抹双芽或多芽

（2）定梢（图 3-60）：在新梢长至 30cm 左右时，能明显辨明花序状况时进行。留枝原则是在架面合理布局的前提下，去弱留强（看新梢长势）、去密留空（看架面空间）、去中间留两头（看新梢在母枝上的着生位置）。此外，尽量留带花结果枝。

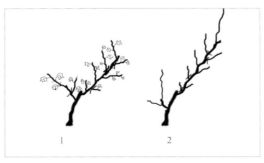

图 3-60 定梢（①短枝与中长枝距离近，短枝上只留 1 个新梢，长枝上的各新梢长势上下差别不大，去除中上部中间梢信下部过密梢；②短梢与中长枝距离相对较远且长势适宜，短枝上上可留 2 个新梢，长枝顶端优势明显，则去除顶部 1～2 个强旺新梢，中上部再适当去除 2～3 个新梢以使架面枝叶密度合适）

定梢适宜时期（图 3-61）花序清晰可见时可进行定梢处理，一般需要增强树势或新梢长势对坐果影响不大的品种或架式可尽早定梢，如大多数欧亚种葡萄，而一些坐果易受生长势影响的品种则可适当晚定梢，这些品种大多为欧美杂种，往往需要去强留弱，尽可能选留长势相近的新梢，以分散树体营养，提高坐果率。定梢完成后要及时对新梢进行绑缚（图 3-62）。

图 3-61 定梢适宜时期 　　图 3-62 定梢绑蔓（定梢完成后要及时对新梢进行绑缚）

（3）新梢摘心：新梢摘心时间在开花前 5 ~ 7 天至初花期为宜，欧美杂交种如巨峰等坐果率较低的品种需要重摘心、早摘心，花序以上留 4 ~ 5 片叶摘心；欧亚种及坐果率较高的品种如'红提'，花序以上可留 8 ~ 10 片叶摘心。

图 3-63 留单叶摘心

（4）副梢处理：副梢处理可采用留 1 ~ 2 片叶反复摘心，或采用留单叶绝后的副梢处理方法（图 3–63、图 3–64）。顶部延长副梢可留 3 ~ 5 片叶。

图 3-64 夏芽副梢留单叶反复摘心

修剪及夏芽副梢管理要与具体的架式及树形相对应，无论采用哪一种栽植方式，葡萄架面均要有良好的通风透光能力，这是生产优质安全葡萄果品的必要前提条件。生产者要十分清楚地认识到，葡萄浆果是叶片通过接收太阳光的照射，利用空气中的水和二氧化碳生产制造出"原料"，提供树体生长并贮存在树体内，最终转移到果实中去，因此，如果没有良好的光照和通透性能（即光、水和二氧化碳），生产出的葡萄只能是残次果品。修剪时调节葡萄枝叶合理布局是十分有效的手段，栽培者要细心领会其中的要点，加以灵活运用，会起到事半功倍的效果。

4. 枝蔓管理技术

藤本的葡萄枝蔓管理与其他果树差别很大，修剪对枝蔓的调节要通过枝蔓的相应管理，才能最终实现树形完善和树势调节的目的。

（1）老蔓剥皮：多年生老蔓、老节处经过季节变化常常形成大量翘皮，这是病菌菌丝体、苞子及各种虫卵越冬体的藏身之所，常规的药剂无法穿透这些老皮对它们造成伤害，只有彻底刮除老皮，配合适当的药剂处理才能很好地削减病原菌菌源及各种虫卵初次侵染源的数量，也才能真正实现安全用药，把病虫害消灭在萌芽状态中，起到事半功倍的效果，此项操作看起来费时费工，但是效果非常明显（图3-65）。

图3-65 剥　皮

（2）枝蔓用药：主蔓用药主要是指铲除剂（石硫合剂的使用），通常建议使用2次，第一次在剥完皮后马上进行，第二次在芽膨大（至露绿期进行，第一次的浓度可以为3～5波美度，第二次根据发芽情况调整为1～3波美度。喷药时注意周到细致，这两次用药行内行间土壤也要喷布，以最大限度地降低病原菌菌源数量，为当年病虫害的防治工作打下良好基础（图3-66至图3-67）。

图3-66 打石硫合剂

图3-67 芽膨大期用药效果好

（3）枝蔓引缚：葡萄枝蔓的引缚是按照修剪意图摆布已经修剪好的枝蔓，使之在架面纵横空间合理排列的一项田间作业。有句俗话叫做"三分在剪，七分在绑"，说的就是这个道理，尤其在埋土防寒地区，修剪和上架绑蔓操作并不是一个人完成的，在时间上也相差几个月，因为北方埋土防寒区修剪在上一年度的 11 ～ 12 月份进行，而出土、上架及绑蔓在第二年的 3 ～ 4 月份完成，修剪时枝蔓间的各种角度、位置关系均已被打乱，必须对枝蔓进行重新摆布，这就需要上架、绑蔓操作者要充分了解修剪意图，适度调整枝蔓位置和角度，否则无法达到修剪调节枝蔓疏密度的预期效果，密处常因通风透光不良、枝梢徒长、病虫害严重，枝蔓稀处会浪费空间影响产量，给本年度的树体生长及管理带来不便，一般有以下几个基本原则可以参考：①尽量顺着老蔓的方向延伸各级枝蔓；②替换短枝尽量接近直立绑缚，以增强其生长势；③在空间允许的情况下，结果母枝（只利用 1 年结果）适当增大倾斜角度，缓和其上各新梢间生长差异，减少果穗间利用树体营养的差异，果穗更加一致；④垂直及水平方向上枝条间或是芽眼间的间距要适中，不宜过密或过稀，可用枝条角度来灵活调节。

（4）枝蔓埋土防寒及出土上架：葡萄枝蔓埋土、出土上架是北方葡萄休眠季节里仅次于修剪的重要工作内容。整个工作过程如图 3-68 至图 3-79 所示。

图 3-68 下架压蔓（枝蔓要顺式下压，以减少主蔓伤害）

图 3-69 先垫有土枕后再加土压蔓（基部比较直立，可以下压的枝蔓要先在基部枕土后再下压）

图 3-70 顺式下压各主蔓 [各级主蔓（主枝）依次顺式压在主蔓下]

图 3-71 龙干压蔓埋土 [①顺行向 1.5m 左右（一般为主蔓上架拐点平放在地上的位置）开一深约 20cm 的沟，同时在与主蔓之间也同样挖开，将主蔓顺在沟内，压好；②不要让主蔓出现死角弯；③主蔓基部要缓压，只划一小沟即可，不要使主蔓基部木质部产量硬伤]

图 3-72 埋土（将压好的主蔓及根际周围全部用湿土埋实）

图 3-73 T 形埋土（单臂篱架或是篱棚架埋土时基部较宽大，埋后呈 T 字形，以防根系冻害）

图 3-74 埋后用细土拍平（表面用细土压紧拍平，以防枝蔓风干）

图 3-75 出土（小心将枝蔓上的土去除，拽出枝蔓，清除行内覆土，将枝蔓放在地上不必急于上架）

图 3-76 埋土出土主蔓伤害

注：①出土不小必或是埋土时压蔓不当，常造成主蔓伤害，树势难以很快恢复；②多年老伤，每年均在同一处受力，致使老蔓基部伤口逐年加重，最终无法恢复。

图 3-77 埋土出土主蔓伤害

图 3-78 埋土出土主枝伤害（主枝下压角度不当，造成伤害）

图 3-79 上架绑梢（上架绑梢要充分摆布开枝条角度及相互间距，用"猪蹄扣"绑上，常用的绑绳有塑料、布条、麻绳或是玉米皮等）

第三节　地下管理

一、施　肥

　　秋季施肥的目的是防止已停止伸长的新梢叶片的急剧老化，以减缓从夏末到秋末光合能力的减退，此外秋季施入的肥料可在早春之前到达根圈，对早春植株的生长发育有利。因此，秋肥应以速效性和迟效性的含氮肥料混施为宜，而此时施磷肥和钾肥效果不明显。

有机葡萄园则以秸秆、木屑、泥炭、猪牛羊粪、油粕类、米糠、磷矿粉、贝壳粉等制成的有机肥做基肥，并培土灌水。除有机肥外可以另外施用适量磷矿粉、海鸟粪、贝壳粉、海草粉等，并灌施溶磷菌、有益微生物、腐殖酸等。使用量按氮素用量约 $250 \sim 300kg/hm^2$ 计算，例如预定使

图 3-80 秋季开沟施肥

用有机肥的氮素含量为 2%，而氮素预定使用量为 250kg 时，每公顷有机肥使用量应为 250/2% = 12500kg。施肥时期以 8 月下旬至 9 月上旬为宜，此时根群的活动尚活跃，可以利用降雨提高肥效（图 3-80）。

二、灌溉和保墒

葡萄是耐旱性较强的果树，在多雨地区，生长发育期的大部分时期存在多湿问题，土壤水分的急剧变化也是缩果病和裂果等生理病害发生的主要原因。成熟期的干燥只要不严重，对果实膨大影响不大，并有利于着色和含糖量的提高。灌水量和灌水时期因土质和气候条件而不同。一般在萌芽前应灌催芽水，开花前若遇春旱应灌水，果实膨大期结合补肥灌膨果水，土壤冻结前应灌封冻水。这些灌水都可以结合施肥进行。

砂质土壤灌水应少量多次，保水力强的黏土地，灌水次数要少，灌时要灌透。

南方多雨地区栽培葡萄时，为防雨季渍水严重，多采取高畦栽培。

三、土壤表层的管理

倾斜地土壤流失严重，除在葡萄园外围建绿化带以外，可以实行带状生草或树冠下覆草栽培。若全园生草，虽可防止肥水流失，但对浅根性的葡萄来说，会发生草与葡萄的水和养分竞争，造成葡萄生长发育不良，对果粒膨大和着色带来不良影响。

1. 清耕法

每年在葡萄行间和株间多次中耕除草，能及时消灭杂草，增加土壤通气性。但长期清耕，会破坏土壤的物理性质，必须注意进行土壤改良（图3-81、图3-82）。

图 3-81 清　耕

图 3-82 行内覆草行间清耕

2. 覆盖法

对葡萄根圈土壤表面进行覆盖（铺地膜或覆草），可防止土壤水分蒸发，减小土壤温度变化，有利于微生物活动，可免中耕除草，土壤不板结（图3-83至图3-85）。

图 3-83 全园生草行内覆盖

图 3-84 树盘覆草　　　　　　图 3-85 行内覆膜

3. 生草法

葡萄园行间种草（人工或自然），生长季人工割草，地面保持有一定厚度的草皮，可增加土壤有机质，促其形成团粒结构，防止土壤侵蚀。对肥力过高的土壤，可采取生草消耗过剩的养分。夏季生草可防止土温过高，保持较稳定的地温。但长期生草，易受晚霜危害，高温、干燥期易受旱害（图 3-86 至图 3-88）。

图 3-86 生草葡萄园

图 3-87 行间生草

图 3-88 行内覆草行间生草法

4. 免耕法

不进行中耕除草，采取除草剂除草。适用于土层厚、土质肥沃的葡萄园。常用生长季除草剂有草甘膦等。也可以在春季杂草发芽前喷芽前除草剂，再覆盖地膜，可以保持一个较长时期地面不长杂草。

有机栽培时提倡运用秸秆覆盖或间作的方法避免土壤裸露。土壤耕作的目的是为葡萄根系创造一个良好的生态条件，促进地上部的生长和发育。

5. 深　翻

深翻的时期应根据各地生态条件而定。北方冬季寒冷地区，春季干旱，以在秋季落叶期前后深翻为宜。秋季深翻，断根对植株的影响比较小，且易恢复，可以结合施基肥进行，对消灭越冬害虫和有害微生物，以及肥料的分解都有利。也可以在夏天雨季深翻晒土，可以减少一些土壤水分，有利于枝蔓成熟。南方各省气候温和，一年四季都可进行。

深翻方法因架势等有所不同。篱架栽培时，在距植株基部50cm以外挖宽约30cm的沟，深约50cm，幼龄园或土层浅或地下水位高的果园可相对浅些。可以采取隔行深翻，逐年挖沟，以后每年外移达到全园放通。对砂砾土或黏重土，在深翻的同时，可以同时进行客土改良。深翻后2～3年穗重增加，产量也增加，着色好，糖度升高，成熟期提早。

但深翻后造成较大量的断根，一般占植株总根量的6%～10%，这种断根的影响在深耕当年或第二年在新梢的伸长量和单穗重上有所表现。但深耕的目的是改良土壤的物理性质，并使老根恢复功能，所以不应把少量断根过于放在心上。另外，深耕应靠近根层开始，只对无根的地方进行深翻，效果不会明显，所以深翻前应确认根系分布情况，但应注意尽量少伤大粗根。

6. 中　耕

中耕可以改善土壤表层的通气状况，促进土壤微生物的活动，同时可以防止杂草滋生，减少病虫危害。葡萄园在生长季节要进行多次中耕。一般中耕深度在10cm左右。在北方早春地温低，土壤湿度小的地区，出土后立即灌溉，然后中耕，深度可稍深，10～15cm左右，雨水多时宜浅耕。生长后期枝梢生长停止时，减少中耕，可促进枝梢成熟。

第四节　花果管理

一、疏花序和花序整形

要生产高品质的葡萄果实，必须在栽培上采取多种优果生产措施。疏花序和花序整形可以合理控制负载量，使果穗大小趋向一致，着色整齐，提高果穗商品品质（图3-89、图3-90）。

1. 疏花序（定穗）

对花序过多，又容易落花落果的品种在花前疏除掉部分花序，发育差的小弱花序及分布过密或位置不当的花序都可去掉。对大穗品种原则上中庸枝留一穗，强枝留1～2穗，弱枝不留，保持叶果比为30～40:1，小穗品种可适当多留。进入盛果期以后的大树按计划产量和果穗、果粒平均重确定留果穗数量。成龄盛果期葡萄园应控制亩产不超过1500kg。

2. 花序整形

花前的花序整形依品种不同而不同，同时尚需考虑树势（树龄）、土壤、施肥条件和气象条件等。一般在开花开始前完成（花前5天到开始开1～2

轮花前进行），也有的分 3 ～ 4 次进行。花序整形的时期越早越好（图 3-91、
图 3-92）。

图 3-89 开花前期花序弯曲变形

图 3-90 捋直花序

图 3-91 掐穗尖

图 3-92 修剪花序

整形方法：包括去副穗、掐穗尖、确定留穗长度或留蕾数等。对巨峰等
四倍体品种坐果率低，花序整形可提高坐果率。先除去副穗和上部 3 节左右
的小支梗，再对留下的支梗中的长支梗掐尖，一般大致在 7 ～ 9cm 长处掐穗
尖，支梗数以 12 ～ 13 节为宜。对‘新玫瑰’等粒松但果粒不如‘巨峰’大
的品种，基本方法与‘巨峰’相同，但所留支梗节数可稍多（15 ～ 16 节），

以保证有足够的穗重。对坐果率高、果穗小的品种如玫瑰露等，只需去掉副穗即可。红地球等大穗品种，疏花可分为两次进行，第一次在花序展开之后，根据植株的负载状况及时疏除过多过弱的小花序。第二次在花序展开而未开花时进行，主要是剪去花序上的副穗、掐去穗尖 1/3 ～ 1/4，对花序上的小分枝采取留二去一的方法摘除过多过密小分枝，留 12 ～ 15cm 长即可。

对于坐果率非常高、果穗大而紧密的品种，为了省工，可以试用以下两种方法：一是在开花前用箅子（妇女梳头用）梳理花序，可以均匀地疏掉部分花序，坐果后可省掉疏果。但这种方法需要在不同的品种上先少量试验，取得一些经验后再大量运用，不同的品种之间，疏花的程度应有所不同。另一个方法是，根据果粒大小确定留果量后，再根据情况在一个花序中隔几段小穗去掉一段小穗，也可以适当稀疏果穗。目前生产上栽培的红地球多在开花前剪去花序上的副穗、掐去穗尖 1/4 ～ 1/3，再对花序上的小分枝采取留二去一的方法摘除过多过密小分枝，效果很好。

二、疏　果

疏果是调节结果的又一环节。其目的是在花序整形的基础上，进一步限制果粒的数量和果穗的大小，整理穗形，使果粒外形整齐，并促进果粒膨大，提高果实品质，同时可防止果穗过密引起的裂果（图 3-93 至图 3-95）。

图 3-93 疏　果

图 3-94 疏果前　　　　　　　　图 3-95 疏果后

疏果的时期越早越好。一般在盛花后 15 ~ 25 天，最迟不能迟于 30 ~ 35 天。

疏果的方法：根据品种特性，依品种成熟时的标准穗重、穗形等为目标进行。如'巨锋''先锋'等，目标果穗应为 350 ~ 400g，果粒着生稍紧凑，近圆桶形的圆锥形，那么疏果时开始要去除小粒果和伤害果以及穗轴上向内侧生长的果粒，然后从外观上疏去外部离轴过远及基部下垂的果粒。一般每一小支梗平均留 2 粒果，上部每 2 节留 3 粒果，每穗 30 ~ 40 粒即可。对于果粒着生非常紧密的品种，更应重视疏果工作，在花序整形的基础上，应除去发育不良的小果、畸形果和过密部分的果粒，如红地球一般小穗留 40 ~ 60 粒，标准穗留 60 ~ 80 粒，最大不超过 100 粒，保证单穗重大于 500g，小于 1000g，标准穗重为 700 ~ 1000g，最大不超过 1200g。玫瑰香每穗留果粒 60 ~ 80 粒。

三、套　袋

套袋可以减轻因雨滴、雨水等引起的果实病害的传染；避免喷药造成的果面污染；防止裂果、日烧、鸟害等；还可控制均匀着色，提高果实品质。一般要求果袋材料透光率高、透气性好、不透水，且耐风雨侵蚀。套袋大小有 150mm×230mm,142mm×210mm,190mm×270mm,250mm×300mm 等规格,有底或无底。疏果完成后尽早套袋。为防风雨对果袋的侵蚀,可在果穗上再加一个伞袋,或为加强光照,在果穗上直接戴一个伞袋即可(图 3-96至图 3-98)。

图 3-96 套袋前修整果穗

图 3-97 果穗修整后

图 3-98 套　袋

第四章
杏栽培管理技术图解

第一节 杏品种介绍

一、鲜食、加工杏品种

1.'骆驼黄'

果形：圆形，缝合线明显，果顶平圆微凹。

果重：平均单果重 43.0 ～ 49.5g，最大单果重 78g。

果皮颜色：底色橙黄，阳面有 1/3 暗红晕。

果肉：橘黄色，肉质细；果汁多，味甜酸，有香气。

果核：黏核或半黏核。

仁：甜仁。

图 4-1 杏 '骆驼黄'

物候期：4 月 1 ～ 5 日盛花，5 月 25 日至 6 月 5 日果实成熟。

树体特征特性：树势强健，以短果枝和花束状果枝结果为主（图 4-1）。

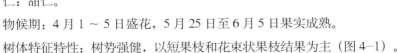

2.'京早红'

果形：果实心脏圆形，缝合线浅，果顶圆凸。

果重：平均单果重 48g，最大单果重 56g。

果皮颜色：底色黄，果面着部分红晕。

果肉：黄色，肉质较细；汁液中多，味甜酸，有香气。

果核：离核。

仁：苦仁。

物候期：　4 月 2 ～ 5 日盛花，6 月 15 日左右果实成熟。

树体特征特性：树势中庸，树姿半开张，以短果枝和花束状果枝结果为主。

产量：自花不实，丰产（图 4-2）。

图 4-2 杏'京早红'

3.'大偏头'

果形：卵圆形，缝合线明显，果顶圆。

果重：平均单果重 69.55g，最大单果重 98.5g。

果皮颜色：底色绿黄，1/2 红霞。

果肉：黄色，近核部位同肉色，肉质细，纤维少，味甜酸，汁较少，有香气。

图 4-3 杏'大偏头'

果核：离核。

仁：苦仁。

物候期：4 月 1 ～ 5 日盛花，6 月 10 ～ 20 日果实成熟。

树体特征特性：树势强健，树姿较直立，枝条粗壮，以短果枝和花束状果枝结果为主。

产量：自花不实，丰产（图 4-3）。

4.'红玉'

果形：长椭圆形，缝合线明显，果顶平。

果重：平均单果重 55.7 ～ 67.8g，最大单果重 120.5g。

果皮颜色：底色橙黄，阳面着红色点。

果肉：橙黄色，肉质细；果汁中多，味酸甜，香气浓。

果核：离核。

仁：苦仁。

物候期： 4 月 2 ～ 5 日盛花，6
月 18 ～ 25 日果实成熟。

树体特征特性：树姿半开张，树
势强健，以短果枝和花束状果枝结果
为主。果实易发疮痂病，栽培时应注意
防治。

图 4-4 杏'红玉'

产量：自花不实，丰产（图 4—4）。

5. '火村红杏'

果形：圆形，缝合线明显，果
顶平。

果重：平均单果重 30.5g，最大
单果重 55g。

果皮颜色：底色橙黄，着片状红
色果点。

图 4-5 '火村红杏'

果肉：橙黄色，肉质细韧，味甜酸，汁较中多。

果核：离核。

仁：甜仁。

物候期：4 月 2 ～ 6 日盛花，6 月 25 日至 7 月 5 日果实成熟。

树体特征特性：树势中庸，树姿半开张，以短果枝和花束状果枝结果为主。

产量：自花不实，丰产，连续结果能力强（图 4—5）。

6.'青蜜沙'

果形：圆形，缝合线浅，果顶圆凸。

果重：平均单果重58g，最大单果重68.6g。

果皮颜色：底色绿白，阳面着红色。

果肉：白绿色，肉质细，松软多汁，纤维少，品质上等，香气浓郁。

果核：离核。

仁：苦仁。

图4-6 杏'青蜜沙'

物候期：4月2～5日盛花，6月25日左右果实成熟。

树体特征特性：树势强健，树姿直立，以中、短果枝和花束状果枝结果为主。个别年份有裂果现象发生。

产量：自花不实，极丰产（图4—6）。

7.'西农25'

果形：圆形，缝合线明显，果顶圆。

果重：平均单果重36g，最大单果重41.5g。

果皮颜色：底色橙黄，阳面有红色。

果肉：黄色，肉质硬脆，纤维少，味甜酸，汁较中多，有香气。

图4-7 杏'西农25'

果核：离核。

仁：苦仁。

物候期：4月1～5日盛花，7月5日左右果实成熟。

树体特征特性：树势中庸，树姿半开张，以短果枝和花束状果枝结果为主。

产量：自花不实，丰产（图4—7）。

8. '红金榛'

果形：果实圆形，缝合线明显，果顶圆凸。

果重：平均单果重 71.6g，最大果重 150.6g。

果皮颜色：底色橙黄，阳面有红晕。

图 4-8 杏'红金榛'

果肉：橙黄色，汁液较多，肉质细，味酸甜。

果核：离核。

仁：甜仁。

物候期：4 月 1 ～ 5 日盛花，6 月 25 日至 7 月 5 日果实成熟。

树体特征特性：树势强健，树姿半开张，以短果枝和花束状果枝结果为主。

产量：自花不实，丰产（图 4-8）。

9. '李光杏'

果形：果实圆形，缝合线浅，果顶平。

果重：平均单果重 21.3g，最大果重 28.0g。

果皮颜色：底色淡黄，果面无茸毛。

果肉：黄绿色，汁液中多，肉质硬韧，味酸甜。

图 4-9 '李光杏'

果核：半离核。

仁：甜仁。

物候期：4 月 2 ～ 6 日盛花，7 月 15 日左右果实成熟。

树体特征特性：树势健壮，以短果枝和花束状果枝结果为主。

产量：丰产（图 4-9）。

10. '串枝红'

果形：果实圆形，缝合线明显，果顶平微凹。

果重：平均单果重 54.6 ~ 61.6g，最大果重 76.8g。

果皮颜色：底色黄，着 1/2 ~ 3/4 红霞。

果肉：橙黄色，汁液中多，肉质致密，味酸甜。

果核：离核。

仁：苦仁。

物候期：4 月 2 ~ 6 日盛花，6 月 25 日至 7 月 5 日果实成熟。

图 4-10 杏'串枝红'

树体特征特性：树势强健，树姿开张，长、中、短果枝结果能力均强。

产量：自花不实，极丰产（图 4-10）。

二、仁用杏品种

1. '龙王帽'

果形：果实扁卵圆形，缝合线明显，果顶稍尖。

果重：平均单果重 11.7 ~ 20.0g。

果皮颜色：底色黄，阳面稍有红晕。

果肉：黄色，薄，汁液少，纤维多，味酸。

果核：离核。

仁：甜仁。干杏核出仁率为 28% ~ 30%。平均单仁重 0.8g 左右。果仁含可溶性糖 4.22% ~ 5.28%，粗脂肪 51.22% ~ 57.98%，蛋白质 22.20% ~ 25.50%。

物候期：4 月 1 ~ 5 日盛花，7 月 20 日左右果实成熟。

图 4-11 杏'龙王帽'

树体特征特性：树势强健，树姿半开张，中短果枝结果为主。

产量：自花不实，较丰产（图 4-11）。

2. '一窝蜂'

果形：果实卵圆形，缝合线明显，果顶圆。

果重：平均单果重 14.5 ～ 18.0g。

果皮颜色：底色橙黄，阳面稍有红晕。

果肉：橙黄色，薄，汁液少，肉质硬，纤维多，味酸涩。

果核：离核。

仁：甜仁。干杏核出仁率为 30.7% ～ 37%。平均单仁重 0.6g 左右。果仁粗脂肪含量 59.5%。

物候期：4 月 1 ～ 5 日盛花，7 月 20 日左右果实成熟。

树体特征特性：树势中庸，树姿开张，以中短果枝和花束状果枝结果为主。

产量：自花不实，极丰产（图 4-12）。

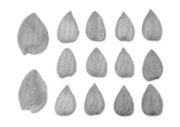

图 4-12 杏 '一窝蜂'

3. '柏峪扁'

果形：果实卵圆形，缝合线明显，果顶圆。

果重：平均单果重 12.6 ～ 18.4g。

果皮颜色：底色黄绿。

果肉：淡黄色，薄，汁液少，肉质粗，纤维多，味酸稍涩。

果核：离核。

仁：甜仁。干杏核出仁率为 30.95%。核仁扁圆形，仁皮乳白色，核仁饱满，味香甜。平均单仁重 0.8g 左右。果仁含粗脂肪 56.7%。

物候期：4 月 1 ～ 5 日盛花，7 月 25 日左右果实成熟。

树体特征特性：树势中庸，树姿开张，以中短果枝结果为主。

产量：自花不实，丰产（图4-13）。

图4-13 杏'柏峪扁'

4. '优一'

果形：果实长扁圆形，缝合线明显，果顶圆。

果重：平均单果重7.1～9.6g。

果皮颜色：底色黄绿。

果肉：淡黄色，薄，汁液少，肉质粗，纤维多，味酸稍涩。

果核：离核。

仁：甜仁。干杏核出仁率为34.7%～43.8%。核仁长椭圆形，仁皮乳白色，核仁饱满，味香甜。平均单仁重0.53～0.75g左右。果仁含粗脂肪53.0%～57.0%。

图4-14 杏'优一'

物候期：4月1～5日盛花，7月20日左右果实成熟。

树体特征特性：树势中庸，树姿开张，以中短果枝结果为主。

产量：自花不实，丰产（图4-14）。

第二节 杏树的生物学特性

一、主要器官的形态特征与特性

1. 根 系

杏树是一个深根系树种，根系强大。尤其是直播的杏树主根非常发达，在山地杏园根系能穿透半风化的岩石和石缝向下延伸。一般情况下，直播山杏改接杏树垂直根系发达，移栽苗水平根系发达。

2. 芽

杏树的芽按其在枝的每一节位着生的数量分为单芽和复芽。在每一节位只着生一个芽为单芽，在每一节位上着生两个以上的芽为复芽。按芽的性质分为叶芽和花芽。

3. 枝

杏树为落叶乔木。幼树树干为红褐色，有光泽，表皮光滑；成年树干呈灰褐色，并有纵向深浅不等的裂纹。杏树的枝条一般按照功能和生长状况的不同分为骨干枝、营养枝和结果枝。骨干枝是树体的骨架，形成树体结构，有主枝、侧枝和结果枝组之分；营养枝以营养生长为主，包括发育枝、徒长枝和针刺枝；结果枝以结果为主，依长度不同分为长果枝、中果枝、短果枝和花束状果枝。

4. 花

杏花为两性花，但是由于遗传和花芽形成过程中树体贮藏营养及生态条件等因素的影响，部分花的雌蕊发育不完全。根据雌蕊发育程度，可将杏花分为雌蕊高于雄蕊、雌雄蕊等高、雌蕊低于雄蕊和雌蕊退化四种类型，前两种类型的花称为完全花，后两种类型的花称为不完全花，又称退化花。

5. 果实和种子

杏果实的形状、大小、颜色、果汁多少均因品种不同而异。果实形状多为圆、长圆、卵圆、扁圆形；平均单果重 20 ～ 200g 不等；果皮底色以橙黄、黄、乳白、黄绿为主，着色为红、紫红色的片红或斑点；果肉颜色多为黄或白色。杏核一般分黏核、半离核和离核三种类型。通常将杏核称为"种子"，实际上杏仁才是真正的种子。

二、生长发育特性

1. 根系的生长发育

杏树根系 1 年内有 2 次发育新根高峰，分别在花芽膨大期和秋季；3 次根系生长高峰，分别在花芽膨大期至盛花前，果实采收后和秋季落叶前后。

杏树根系的生长没有自然休眠期，在满足需要的条件时全年都可以生长；但是如果遇到逆境土壤条件，根系生长受到抑制，轻者可影响植株生长结果，重者可造成树体死亡。

2. 新梢生长规律

通常幼树的新梢在整个生长季都在生长。一般情况下，杏树主枝延长头顶端叶芽萌发的新梢一个生长季节生长的长度可超过 2m。

进入盛果期后，新梢生长有阶段性，延长头剪口下的第 1 或第 2 芽抽生的新梢一般有 2 次生长高峰。第一次在花期刚过，叶芽萌发，随后迅速生长形成春梢，其生长期的长短和新梢生长的长度因树势、树龄及品种不同而异。第二次生长一般在雨季之后形成秋梢，秋梢一般生长不充实。

进入盛果期后树体的短枝生长期比较短，只在萌芽后生长 10 ～ 15 天就自剪枯顶，一般没有第二次生长，短枝上形成的花芽质量较好。

3. 花芽分化

所有的花芽都是由叶芽的芽原基分化而来。芽原基由叶芽的生理和组织状态转向花芽的生理和组织状态的过程称为花芽分化。花芽分化分为生理分化期、形态分化期和性细胞分化期 3 个阶段。树体和果枝内贮藏营养的水平、植物内源激素、温度、光照和水分等因素直接影响花芽分化。

4. 开花、坐果和果实生长发育规律

影响杏树开花的因素包括遗传因素、树体休眠所需的低温量、春季有效积温积累量和外援激素的调节。坐果受到花芽质量、树体营养水平、授粉

受精效果和花期温度等因素的影响。

杏树花量较大，但几乎所有的品种从开花到果实成熟都会有大量花果脱落。杏树基本上有 3 次落花落果高峰：第一次从盛花开始到盛花后 7 天，由于花本身发育不全，根本不能受精，从而造成落花；第二次是盛花后 8 ～ 20 天，果实脱萼、子房开始膨大，由于授粉受精不良造成的未膨大者陆续落掉，合理配置授粉树，采取人工辅助授粉等措施可有效减少这次落果；第三次在盛花后 20 ～ 40 天，由于树体营养不良，部分果实脱落。

三、物候期

我国地域辽阔，地形复杂，气候多样，杏树的物候期在各地差异较大。北京地区，杏树一般在 3 月下旬至 4 月上旬开花，花期 3 ～ 7 天。在开花的同时展叶、抽枝。果实成熟期品种间差异很大：早熟品种 5 月下旬至 6 月初成熟，中熟品种 6 月上中旬成熟，晚熟品种 6 月下旬至 7 月上中旬成熟。11 月上中旬为落叶期。营养生长期 220 天左右，果实发育期 55 ～ 100 天之间。

第三节 栽培技术

一、园地选择

1. 温　度

年平均温度 5 ～ 12℃的地区为普通杏适宜栽培区，4 ～ 12℃为山杏适宜栽培区。生长季 ≥ 10℃的有效积温为 3000 ～ 4000℃；全年无霜期应在150 天以上。杏休眠期能抵抗 −40 ～ −30℃的低温，夏季可耐 40℃以上的高温，但早春易受晚霜危害。生长期受冻害临界温度：花蕾期：−3.8℃；盛花期：−2.2℃；幼果期：−1.0℃。

2. 水　分

杏抗旱、耐瘠薄，在年降水量 400 ～ 600mm 的地区，即使无灌溉条件，也能正常生长；但杏对含水量过多的土壤适应性不强，适宜的田间持水量为50%～80%，超过90%，则叶片凋萎、新梢停长。

3. 光　照

杏喜光，年日照时数 2500～3000 小时以上的地区，树体生长健壮、果实品质优良。

4. 土壤和地势

杏对土壤的适应性较强，各类土壤均能生长，但以地下水位高度在 1.5m 以下、排水良好、疏松透气、较肥沃的壤土、砂壤土为好，质地黏重的土壤不适合杏树生长；土壤 pH 值为 6～8 时，杏可正常生长；土壤中氯化钾浓度≥0.021%、盐浓度≥0.24% 时，杏生长受到抑制。

杏树对地势的要求不严格，在 35°以上的坡地、平地、河滩地，或者在海拔 1000m 以上的高山上都能正常生长。但建园应避开风口和山坡凹地等晚霜易发地带，不能在核果类迹地上建园。此外，建园是要考虑目标市场。如以城市居民假日休闲旅游为主要经营目标，园地应选在交通便利、土质相对肥沃、适合鲜食杏品种的地块。

二、苗木繁育

1. 砧木苗培育

（1）砧木种子选择。主要采用普通杏、西伯利亚杏和辽杏的种子培育砧木。采集生长健壮、丰产、稳定、无病虫害、充分成熟的种子，及时剥去果肉，洗净核面，摊放在阴凉通风处晾干，然后存放于冷凉、干燥、通风良好的库房内。种子本身的含水量 20% 左右为宜。

（2）砧木种子沙藏处理。在播种的前一年土壤结冻前，选择通风、背阴、不容易积水的地方挖沙藏沟（图 4-15）。沟宽 100cm，沟深50～80cm，沟长视种子量而定。挖

图 4-15 种子沙藏

好沙藏沟后，先在沟底铺一层 10cm 厚的湿沙。种核在层积处理前用清水浸泡 3 ～ 4 天，然后将种核与湿沙（沙的湿度以手捏成团，但无水滴，松手后又散开为度）按 1:3 ～ 5 的比例拌好，将拌好的沙和种核铺在沟内，一直铺到离地面 10cm 处，上面用湿沙铺平。然后再用土培成高出地面 20cm 的土堆，以防雨雪流入。可在沙藏沟四周围设铁丝网或投以鼠药预防鼠害。沙藏沟内每隔 50cm 设置一个草把，高出地面 20cm 左右。一般层积时间 80 ～ 100 天。

（3）播种。播种时间分秋播和春播：秋播在土壤封冻前，种子在清水中浸泡 3 ～ 5 天后即可播种，无需沙藏，播后灌封冻水。春播在土壤化冻后播种，春播的种子必须经过层积或催芽处理。播种方式有点播和条播：点播是在畦内沿行每隔 5 ～ 7cm 点播 1 粒发芽的种子。畦内行距可采用宽窄行（60cm/30cm），或行距均为 60cm，点播深度 3 ～ 5cm，播后灌水。条播是沿行向开 3 ～ 5cm 深度的沟，然后撒入种子。种粒距离 5cm 左右，播种后覆土踏实。出苗前不要灌水。一般每 $667m^2$ 用种 25 ～ 50kg。春播的苗圃可采用塑料薄膜覆盖，以提高地温和保墒。

（4）砧木苗的管理。幼苗出土后要及时松土，当苗高 5 ～ 10cm 时，应用 1500 倍液托布津和 300 倍液硫酸铜等防治幼苗立枯病和根腐病。对缺苗地段要及时从过密地段间苗补植，株距 5cm 左右为宜。苗期及时除草，待 6 ～ 7 片叶后，要注意追施复合肥。施肥后灌水 1 次。5 ～ 6 月份雨量较少，若干旱时应及时补水；7 月后如果雨水较多，要注意育苗地及时排水；入冬前应浇一次冻水。

2. 嫁接技术

（1）接穗的选择、采集、贮藏与运输。采集接穗的母株，必须品种纯正、树势强健、丰产、无检疫对象。采接穗应采树冠外围生长健壮、芽子饱满的发育枝。早春枝接要选用生长充实的一年生枝中段做接穗（图 4-16）。在 7 ～ 8 月份芽接，要选当年生新梢，采下的新梢立即摘除叶片，留下部分叶柄。采接穗时应注意品种之间不可混杂。若采集的接穗当天用不完，则应将接穗下端浸泡在清水中放置在冷凉处。此外，枝接接穗应先剪成 9 ～ 12cm 的枝段，再进行蜡封处理后使用（图4-17）。

图4-16 芽接接穗采集

图4-17 接穗蜡封前

具体方法是：将枝段的一端先放入熔化的石蜡中速蘸，立即取出（图4-18）；用同样的方法蜡封另一端。

图4-18 蘸　蜡

整个接穗封好后，迅速散放在冷凉处，待接穗完全冷凉后（图4-19），整理打捆放置在湿润、低温的地窖中备用。

图4-19 蜡封后晾凉

蜡封接穗要掌握好石蜡熔化的温度，以110±2℃为宜。为便于控制石蜡温度（图4-20），可将石蜡置于稍小的容器中，然后放入盛有适量水的较大容器中共同加热，石蜡熔化后进行接穗的蜡封操作。枝接接穗需要长途运输时，在长途运输前进行蜡封。

图4-20 水浴加热熔化石蜡

（2）嫁接方法。杏树枝接的方法很多，包括皮接、切接、腹接、插皮接、舌接等（图4-21），一般使用蜡封接穗，在春季进行。各种枝接方法步骤大致包括剪砧－削接穗－削砧木接口－插入接穗－包扎，且均要求砧穗结合严密，形成层对齐，绑缚紧实。其区别主要在于砧木和接穗的切削方法不同。由于操作简便、速度快、成活率高，生产中应用较多的是插皮接和舌接，插皮接适用于砧木粗于接穗的一般情况，而舌接在砧木较细时枝接适用。

a. 剪 砧

b. 削接穗

c. 削砧木接口

d. 插入接穗　　　　　　　　　e. 包 扎

图 4-21 杏树嫁接过程

（3）嫁接后管理。①检查成活和补接：在芽接后 7 天、枝接后 20 天左右，叶柄一触即落、芽眼新鲜即为成活。对未成活单株及时进行补接，对绑扎过紧要要及时松绑，以免绑缚物陷入皮层。②剪砧：秋季芽接的苗，翌年春萌芽前要从接芽上方 1cm 处剪除。③除萌蘗和副梢：剪砧后，及时抹除砧木部分发生的萌蘗，如接穗萌发多个芽条，选留 1 个位置好的壮条，并及时抹除副梢。④绑支柱：剪砧后，用小木棍或树枝插在苗旁，然后用细绳将苗绑在支柱上，以防接穗折断。⑤肥水和土壤管理：苗木生长季应追施复合肥或磷铵。北方春季和夏初干旱，要注意及时浇水，雨季要注意排水。整个生长季节要及时松土除草。⑥病虫害防治：幼苗整个生长季要注意病虫害防治，特别是鳞翅目的各种毛虫。冬季要防治野兔和鼠害。

3. 苗木出圃、分级、包装运输

（1）出圃时间。苗龄为 2 年根 1 年干的杏成苗出圃可在秋季也可在春季。秋季起苗应在落叶后至土壤封冻前进行，秋季起苗可以秋季定植，但要做卧土防寒。秋季起苗秋季不定植时，起出的苗木要进行假植。春季起苗一般在解冻后萌芽前进行，起苗后立即栽植。

（2）起苗。起苗前制定计划，准备好工具。如土壤干旱，要在起苗前 7 ~ 10 天灌水，以保证起出苗木有较多须根。用起苗犁或人工起苗。起苗深度 30cm 以上，做到少伤根和苗干，起下的苗木要按苗木质量要求进行分级，剔除不合格苗木。分选出的苗木要随时用土将根部埋严，防止风吹日晒。

（3）假植。假植要选择避风、地势平坦、不易积水的地块，南北方向开沟，沟深 50 ~ 70cm。沟的宽度根据苗量而定。假植沟挖好后，先在沟底垫 5 ~ 10cm 沙土，然后斜放苗木，一层苗木一层湿沙，每层的苗木数量不宜太多，沙土与根系应充分接触。假植后，若土壤干燥可少量浇水，但沟内不能积水，严禁大量灌水。

三、定植技术

1. 定植前做好规划

选择好建园的地块后，就需要进行全面规划，做到布局合理，一劳永逸。占地面积较大的杏园，规划设计时必须考虑道路，排灌系统水土保持工程以及防护林系统等的全面规划。

(1) 作业区的划分。规划面积较大的杏园，为了便于管理，应将整个杏园划分成若干个小区，也就是杏园的作业区。小区的形状和大小应根据地形、地势、道路、排灌系统等情况来决定。每个小区的地形、坡向、土壤等条件要基本一致。小区地形复杂，一般为0.6～2hm²；若为缓坡地，面积以2～3hm²为宜；若为平川地，面积一般以5～6hm²为宜。小区的形状，根据杏园的具体情况而定，其形状以长方形为宜。在山区，小区的边长与等高线平行或与等高线的弯度相适应。梯田杏园应以坡、沟为单位小区。

(2) 防护林的设置。防护林可以栽在杏树园的四周，山地杏树园，可栽在沟谷两边或分水岭上。营造防护林的方向与距离应根据主风方向和具体风力而定。一般主林带与主风方向垂直，栽植4行以上主林带；副林带与主林带垂直，栽植2～4行为副林带；可采用乔、灌木混栽。林带建在杏树园的北侧，距杏树保持10～15m。林带与杏树间的空间地，可以种植绿肥及其他矮秆作物。

(3) 道路与建筑物的设置。道路与房屋的设置是杏园的必要组成部分，要便于作业、便于果实的运输等；房屋则是用于杏园农药、工具等的保管，以及果实的短期贮藏及果园的管理人员办公和工作人员临时休息。杏园的道路一般有主干道、支路和区内作业道之分。主干道贯穿全园，与园内各主要建筑物直接或通过支路相通。一般主干道要求宽6～8m，能够保证运输车辆对开；支路可比主干道略窄，一般结合作业区的划分设置在作业区之间作为分界；区内作业道的宽度应以便于运肥、运果、打药等作业为宜，过窄不便作业，过宽则浪费土地。房屋的配置应充分考虑其职能，宜建在交通方便、地势高、干燥的地方，以利物资、果品的存放和方便工作人员的管理。

（4）排灌系统的设置。排灌系统的设置，是杏园规划的重要组成部分，无论在山区还是平地建杏园，均应设置排灌系统。目前生产中采用的灌溉方式有渠灌、喷灌、管灌和滴灌 4 种方式。

因为杏树不耐涝，若积水过多会造成植株死亡。因此，杏园内应设排水系统。一般平地杏园排水沟与灌水沟相对，高处一端为灌水沟，低处一端为排水沟，小区的排水沟分别与总排水渠相通。梯田杏园的排水沟应设在梯田的内侧，与等高线一致。

2. 确定主栽品种，配置授粉树

杏品种可分为鲜食、加工、仁用三大类。建园时，应结合当地实际情况加以选择。一般，在距离城市较近，有鲜食销售市场的地方建园，可以以鲜食品种为主，并注意早、中、晚熟品种的合理数量比。早熟品种生长周期短，中晚熟品种大多品质较好，都有较好的经济效益。不同成熟期的品种相互搭配，既可以避免因采收期过于集中而造成人力紧张的问题，又能够使杏果实随时满足消费者的需求。距离城市较远，但有很大发展潜力的地区建园，应以鲜食、加工兼用品种为主。若离城市远，附近没有大的消费群体，成熟的杏果实不能及时上市销售，应以仁用杏品种为主。因为仁用杏品种比起鲜食、加工品种，不但经济效益毫不逊色，而且克服了后者不耐贮、加工工艺复杂等缺点。

就品种配置而言，应考虑两方面的因素：一是品种本身的特性，如是自花不实的品种，必须配置授粉树。授粉树作用的范围和大小依与主栽品种距离不同而异，距离越近，授粉效果越好。据观察，授粉品种与主栽品种的距离不应超过 50m。在散生杏园，授粉品种与主栽品种的配置比例为 1:8；大面积规模化杏园，授粉品种与主栽品种的比例为 1:3 ～ 7；缓坡、梯田杏园里，授粉品种与主栽品种的配置按 1:3 ～ 4 的比例为宜。选择授粉品种的条件是：授粉树品种与主栽品种花期相同，并且能产生大量的发芽率高的花粉；授粉品种与主栽品种结果期基本相同，并且其寿命长短相近；授粉品种与主栽品种没有授粉受精不孕现象；授粉品种具有较高的经济价值。

3. 定植时间

分为秋栽和春栽。秋栽在落叶后至土壤封冻前进行，春栽在土壤解冻后至苗木发芽前进行，一般为 3 月下旬至 4 月上旬。秋栽苗木发芽早、生长快，但寒冷干旱地区秋栽易造成苗木抽条，需采取防寒措施，所以生产上多用春季定植的方式。

4. 定植密度

杏园的栽植密度应根据品种特性，营养生长期长短，砧木种类，杏园的地势、土壤、气候条件和管理水平等诸多因素综合考虑。合理的栽植密度应以最充分利用土地和光照，获得最大的经济效益为原则。一般品种生长势强，所处地区营养生长期长，地势平坦，土壤肥沃，肥水充足，其密度应小些；而在贫瘠的土地上，栽植密度应大些；平地建园比山地建园栽植小；管理水平高的，可适当密植。在土壤条件比较差的山区梯田或丘陵地株行距为 $(2 \sim 3)$ m×4m，每公顷栽植 825 ～ 1250 株；地势平坦、土壤肥沃、土层深厚的平原地，株行距为 (3×4) m ～ 5m，每公顷栽植 667 ～ 825 株。

5. 定植方式

栽植前苗木根系要在清水中浸 12 小时 ～ 24 小时。挖 $1m^3$ 的定植穴，表土与底土分放，对底层有黏胶层的土壤，应进行深翻，以打破胶泥层，有利于根系生长和树体正常发育；严禁挖"锅底坑"。定植穴挖好后，每定植坑施腐熟的优质有机肥 20kg，与表土充分拌匀后回填至与地表相平，灌水沉实后栽植，嫁接口应略高于地平面。定植前对苗木适当修根，解开接口绑条。定植时要照顾前后左右株行对齐，边埋土边提苗并踩实，以便根系顺展、充分填土。埋土至地表平为宜，用底土修好树盘，然后再浇一次水，下渗后，每株树覆盖 $1m^2$ 地膜，杏树定植过程如图 4-22 所示。

a. 挖定植穴

b. 表土与腐熟的有机肥混合均匀，并回填至与地表平

c. 解开接口处绑条

d. 修　根

e. 定植步骤：三埋两踩一提苗

f. 用底土修好树盘   g. 充分浇水

h. 水下渗后覆盖 1m² 地膜

图 4-22 杏树定植过程

6. 定植后管理

（1）定干。苗木定植后应及时定干，其定干高度一般在 60～80cm，在饱满芽处剪除，没有饱满芽或主芽已萌发时，可不考虑整形带芽的状况，只考虑定干高度即可。多年实践证明，杏枝条每节位除主芽外，还有 4 个以上副芽，这些芽在主芽萌发后，仍会萌发。因此，不必担心定干后整形带内长不出主枝新梢。

（2）除萌。定干后，在苗木枝干的中下部或砧木基部萌发大量的萌蘖，应及时除掉，距地面 40cm 以内的所有萌芽也要抹除，以免影响定向芽和枝的正常生长。

（3）补植。经过生长季节，对未成活的苗木及时补植，以确保杏园整齐度。

（4）综合管理。苗木成活后，在秋冬季节要注意防寒和防止抽条。可采用主干缠塑料条或涂抹京防 1 号防护剂。生长季节要注意土壤水分状况，适时灌水，保持适宜的土壤湿度，春季雨水少，树体生长旺盛期，需水肥多，一般 15 ～ 20 天左右灌水一次。防治病虫害，特别是食叶害虫，如金龟子、象鼻虫、卷叶蛾等。

定植后到结果前的幼龄杏园，可适当在行间间作绿肥、豆类、花生、甘薯等作物，这样既可增加地表覆盖，减少和防止水土流失，抑制杂草滋生，增加土壤有机质含量，提高土壤肥力，又可充分利用土地，使幼龄杏园获得一定的经济收益。

四、整形与修剪

整形主要是根据杏树的生长结果习性，通过修剪，使树冠具有一定的形态结构，为丰产和健壮生长打好基础。整形方法因所采用树形不同而异。

1. 主要树形

杏树在自然生长状态下，多呈自然圆头形或自然半圆形树冠，规模化杏园运用一定的栽培技术，使树形规范化。生产中常见的树形有自然圆头形、疏散分层形、自然开心形、改良开心形、V 形等。

（1）自然圆头形。特点是：无明显的中心领导干，5 ～ 6 个主枝，中央一枝向上延伸，其余各主枝错落着生，长势均衡，向斜上方延伸；每一主枝上着生 3 ～ 4 个侧枝，交错排开；侧枝上着生若干结果枝组（图 4-23）。一般来说，自然圆头形除中心主枝外，其他主枝基部与树干的夹角在45°～ 50°之间，主干高度约 80cm。

这种树形修剪量小。3 ～ 4年即可结果，且结果枝多。由于主枝分布均匀，树冠较开张，膛内通风透光好，有利于早期丰产。但进入结果后期，主侧枝之间易相互重叠，造成内部枝组因光照不好而枯死，使结果部位外移。

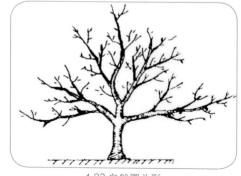

4-23 自然圆头形

(2) 疏散分层形。特点是：有明显的中心干，主枝 8 ～ 9 个，分三层着生（图 4—24）。第一层主枝 3 ～ 4 个，第一主枝距地面约 60cm，其余主枝两两相距约 20—30cm，相互错开排列。第二层主枝 2 ～ 3 个，距离第一层主枝 80cm 左右，层间主枝距离 15 ～ 25cm，也要错开排列，且不能与第一层主枝相互重叠；第三层主枝 1 ～ 2 个，距第二层主枝 50cm 左右，与第二层主枝相互错开排列。每层主枝内相邻两侧枝距离 30 ～ 40cm，层内及层间侧枝均应错落排开，各侧枝上着生若干结果枝组。该树形第一层总枝量与结果量应占整株的 65% ～ 70%。若树体上层枝量过多，必将造成上强下弱，而上层结果比例高，很不便于树体管理。

疏散分层形的优点是：由于树体结构层次性较强，使树体内膛光照较好，膛内枝组不至于光秃死亡，从而达到立体结果的目的；该树形结果寿命长，进人盛果期后产量也较高。其缺点是成形晚，树偏高，不利于管理和早期丰产。

图 4-24 疏散分层形

(3) 自然开心形。最大特点是没有中心领导干，全株共 3 ～ 5 个主枝，主干高度 50 ～ 60cm，主枝间距 10 ～ 20cm，分布均匀（图 4—25）。主枝上着生侧枝，侧枝上着生枝组。主枝的基角 60° ～ 65° 之间。自然开心形光照条件好，结出果实质量高，树体成形快，有利早期丰产。缺点是整形要花费人物力，幼树要拉枝，盛果期后要吊枝。管理不好，主侧枝基部易光秃。

图 4-25 自然开心形

（4）改良开心形。特点和自然开心形基本相同，树体没有中心领导干，全株 3 ~ 5 个主枝，主干高度 40 ~ 60cm，主枝间距 15 ~ 20cm，主枝分布均匀（图 4-26）。主枝上直接着生背上枝组。当外围空间过大时，每 1 主枝可一分为二变成两个主枝，最终每株树总主枝头可达 10 个

图 4-26 改良开心形

以上。该树要求主枝角度在 65° 以上。其优点是除具有自然开心形的优点外，还能防止主枝基部光秃，有利于早结果和早期丰产。缺点是整形期间较费工。

2. 整形技术

整形方法因所采用树形不同而异。以自然开心形为例加以简单介绍。在定植的当年定干，定干高度一般为 60 ~ 80cm。定干当年，对干高 40cm 以下的芽子及时抹除，定干剪口下 10cm 距离为整形带。萌芽后在整形带处选留 3-5 个方向适中，生长较旺的新梢，按树形特点调整角度。其他新梢则采取摘心、拿枝或拉平处理，以作为辅养枝使其早结果。第一年冬剪时，剪留长度为枝条总长度的 1/3 ~ 2/3。第二年冬剪，由于根系生长扩大，树势逐渐增强，其修剪量适当减小。主枝延长枝的剪留长度为枝条总长的 1/2，其他枝条如辅养枝、果枝等适当轻剪。第三年冬剪，定植后第三年的杏苗，树形已基本形成，一、二级主枝上的侧枝已经具备，树体高度一般为 2m 左右。其修剪方法基本上与第二年相同。但从第三年冬剪开始要选留结果枝组，特别要注意在三级主枝培养永久性结果枝组。结果枝组选留的方法是，在树膛里面利用 0.8cm 左右粗度的枝条培养，可以是竞争枝改造后的枝条，也可以是徒长性果枝；外围一般选留 1cm 左右粗的发育枝或徒长性果枝进行短截培养。一般膛内培养小型枝组，树冠外围则以培养大、中型枝组为主。膛内的果枝组可较早去掉带头枝，回缩结果；外围的果枝组一般 4 ~ 5 年后去掉带头枝。结果枝组要与主枝、侧枝在生长势和位置上保持主从关系，使树体层次分明，以利光照和便于修剪。

3. 修剪时间及其作用

一般一年中，对杏树进行两次修剪，即冬剪和夏剪，以冬剪为主。冬剪是杏树落叶后至第二年春天萌芽前进行的修剪。由于休眠期树体贮藏养分相对较充足，通过冬季大量修剪对某些部位的刺激，使树体营养的积累与分配更加合理，从而促进树体骨架的形成。所以，冬剪是促进枝条更新的重要手段。冬季修剪常用的措施有：短截、疏枝、甩放、撑拉枝条等。冬剪的时间，在树体萌芽前越晚越好（图4-27）。

图 4-27 杏冬剪过程

夏剪是冬剪的补充，夏季修剪的主要作用是抑制营养生长，促进生殖生长。通过抹芽、拉枝、拿枝、扭梢、环剥等措施，控制生长势，改善光照条件，以利成花。

4. 杏树不同时期的修剪原则与方法

（1）幼树期的修剪。从定植到开始结果为幼树期。此时期是树冠形成的重要阶段，其突出特点是生长旺盛。修剪的主要任务是培养好各级骨干枝，尽快建成树体坚固、丰产、稳产的树形。同时利用辅养枝，使其成花，为早期丰产打基础。具体修剪方法如下：

①主、侧枝延长头的修剪。主、侧枝头的最主要功能是扩大树冠。因此应采取适度短截，根据品种特性和肥水条件的不同，剪留长度不同。一般来说，冬剪时截除枝条的 1/3 ～ 1/2 为宜。但应注意主、侧枝的角度需按树形要求，在短截前调整好。到冬剪时，选留一个角度好的发育枝继续短截处理，其他枝条可选适宜的作侧枝，其余则视作辅养枝。若是改良开心形树形，要注意选一背上发育枝短截后培养枝组，但剪口高度要低于延长头剪口高度。

②辅养枝的修剪。在不影响主、侧枝等骨干枝生长的前提下，通过各种措施培养其形成结果枝组。如对直立旺盛的背上枝修剪，长度达 30cm 左右进行摘心，若生长势太强可连续摘心。也可与拿枝、扭梢等措施结合，使其当年形成有结果能力的结果枝组，若生长季没有进行摘心、扭梢等处理，冬剪时必须将其拉平，不能出现弓弯现象，以免背上枝条旺长，形成徒长性发育枝。幼树阶段，徒长性发育枝占总枝的比率相当高，若利用得好，幼树除能扩大树冠形成骨架外，也有较高的产量。杏树成枝力较弱，长出的枝条除过于拥挤外，最好不要疏枝。幼树除枝干背下发育枝外，在枝侧和背下也常长出一些长的发育枝，由于它们的位置优势不强，因此它们的长势也比背上枝缓和，这类枝条比较容易形成结果枝组。夏剪要在半木质化时进行，促其中下部芽萌发出二次枝。这类枝条冬剪时一般不短截，而是与拉枝措施相结合，进行甩放，促使中下部形成中短果枝。

注意：这类枝条先端的位置，若先端抬头，往往枝条先端会萌发 1 ～ 2

个发育枝，而枝中下部光秃或萌芽很少。

③结果枝的修剪。幼树期结果枝相对较少，这一阶段结果主要靠中短期结果枝组和骨干枝中下部上的花束状果枝、中短枝结果。原则上这一阶段对结果枝不修剪，但对衰弱的小结果枝组，应注意回缩复壮，以延长其结果寿命，增加早期产量。

（2）盛果期树的修剪。一般经过3～4年的整形修剪后，树体骨架已经形成，树冠扩展很慢，各种结果枝连续结果能力强，从而削弱了树势，树冠下部的枝条结果部位还会外移。这一时期的修剪，应以调节树体长势的上下平衡为原则。

①主、侧延长头的修剪。进入盛果期后，主、侧枝延长头的生长量明显减小，在此阶段对主、侧枝延长头应进行适当短截，使其萌发新枝。

②结果枝组的修剪。盛果期，应对各类结果枝组更新复壮。具体方法是：永久型结果枝组，选择中庸枝短截培养，或对直立旺枝进行夏季摘心和冬季拉枝，促使成花。对临时性果枝组及发育枝被拉平后形成的枝组，应根据其长势和所处的位置进行回缩，尤其长的发育枝培养成的结果枝组，先端的果枝结果后极易衰弱，故应逐年回缩。

③发育枝的修剪。发育枝对枝组更新起着很大作用。为避免内膛光秃，应对膛内发育枝及时摘心和拉枝，尽快培养成结果枝组。因结果被压弯的枝条，应及时吊枝，抬高主、侧枝和大型枝组的角度，以利恢复生长势。

（3）衰老期树的修剪。树体在大量结果之后多年，树势极度衰弱，枝条生长量小，枯枝逐年增加，主、侧枝前端下垂，膛内和中下部光秃，树形不正，常常是满树花不结果，产量极不稳定。这一阶段修剪的主要任务是更新复壮，尽量维持树体有较高的产量。通过合理修剪，加强肥水，衰老期树仍会有较理想的产量。

注意：对衰老树的更新复壮不可盲目，若回缩强度过大，而树体本身树势又很弱，不但达不到更新的目的，反而会造成全株死亡。因此，在更新前后一定要加强肥水管理，做到先复壮，后更新。

五、地下管理

1. 土壤管理

杏树正常的生长和结果要靠根系从土壤中吸收水分和养分，经输导组织运到地上部，通过叶片吸收光能进行同化作用合成有机物质来完成。因此，根系的生长状态直接影响杏树的生长与结果。创造一个良好的根系生态环境，对杏树丰产优质起着重要作用。土壤管理往往比树上整形与修剪更为重要。

（1）深翻熟化。良好的通透性是土壤氧气供应的前提条件，充足的氧气供应又是杏树发出新根的重要保障。杏树根系对氧气的要求比其他落叶果树更为迫切。不少杏园幼树阶段常发生死树现象，其主要原因是定植时埋土过深或土壤黏重，通气性差，氧气供给不足。土壤通气性的好坏还直接影响土温和微生物的活动。深翻能够提高土壤的透水性和保水能力，促进土壤团粒结构的形成，对土壤深层理化性状的改良效果尤为显著。深翻后，土壤中的水分和空气条件得到改善，微生物增加，从而提高了土壤熟化程度，使难溶性营养物质转化为可溶性养分，提高肥力。深翻在春、夏、秋三季均可进行，以秋季结合施基肥为最佳时期。一般以 60 ~ 80cm，比杏树的主要根系分布层稍深为宜。

（2）客土。客土是山地、丘陵和沙滩等土质瘠薄杏园改良土质的一项重要措施，具有改良土壤结构、增加营养、提高地力的作用。客土一般在晚秋进行，可起到保温防冻、积雪保墒的作用。其方法是把从异地运来的土或沙均匀分布全园，经过耕作，使之与原来的土壤混合均匀。客土视果树大小、土源或沙源、劳动力等条件而定。

（3）中耕除草。中耕、除草的时间和次数应根据田间情况而定。一般早春化冻后应及时中耕一次，既可提高土温，还可通过中耕保持土壤水分不过量蒸发。另外，每次杏园灌水或雨后，土壤适宜中耕时应及时中耕松土，增加土壤通透，促进根系尽可能多地获得氧气。

（4）覆草和覆膜。树盘覆草还能明显地减少水土流失，抑制杂草生长，减少病虫害发生。杂草腐烂后，能增加土壤有机质含量，改善土壤理化性质，有明显的增产效果。覆盖杂草（包括秸秆），一年四季都可进行。覆盖方式分全园覆盖和畦内或行内覆盖两种，可视材料情况而定，事先须打好畦，畦埂要高大。覆盖前要有良好的墒情、施足基肥、松土平地。秋天深翻树盘时，需将杂草（秸秆）翻入土中。覆膜法是利用透明或有色的地膜覆盖在树盘（与树冠大小等同）或行间的方法。

（5）行间合理间作。在幼树阶段，为了提高土地利用率，增加早期效益，在杏树行间可以间作矮秆作物，如花生、甘薯、豆类、苜蓿等。只要不影响杏树生长和结果，合理间作是一项很好的耕作措施。

（6）山地杏园的土壤管理。山地杏树一般立地条件较差，按常规深翻土壤较为困难，应首先修筑树盘。在立地条件允许的情况下，树盘应与树冠同等大小。树盘的外沿应堆起土埂，高度 80 ~ 100cm。这样可避免树盘被雨水冲刷。

2. 施 肥

杏树是耐瘠薄树种，但对施肥还是相当敏感的。杏树的营养生长需要各种养分，生殖生长更需要大量养分。施肥是杏树高产、优质的重要栽培措施之一，也是土壤管理的关键。

（1）施肥的种类、时期和施肥量的确定。应用叶分析或土壤分析来确定施肥量和肥料种类是比较科学的办法，但是由于目前生产条件的限制，还未广泛采纳。可用以下公式推算施肥量：

施肥量 ＝（果树吸收肥料元素量－土壤供给量）／肥料利用率

肥料利用率因营养元素不同而变化，一般氮肥为 50%，磷肥为 30%，钾肥为 40%。

根据施肥作用的不同，施肥分以下几种：

①基肥。施基肥是杏树得到多元素养分的主要途径。基肥应以人畜粪便和秸秆、杂草堆肥为主。施用时，应混入一定量的化肥。其施肥方法应采取开沟法施肥。沟深 30 ~ 50cm，沟的长度根据施肥量而定。一般情况下，未结果的幼树、生长较旺的树适当少施，而进入结果期的树，由于生

长和结果消耗养分剧增，则应多施基肥。一般掌握在每 666.7m² 施农家基肥 2000 ～ 3000kg 左右。施基肥的时间最好在每年的 9 ～ 10 月为宜。

②追肥。又叫"补肥"，在杏树生长期间弥补基肥的不足，但也有为当年壮树、高产、优质，为第二年开花结果补充养分的作用。根据杏树一年中不同发育阶段对各种营养元素的需求，一般早春杏树萌芽前后应追施一次含多种微量元素成分的氮磷钾复合肥。若冬前施基肥时已掺入了复合肥，春天这次追肥也可不施。追肥量盛果期树每株 1 ～ 2kg。第二次追肥应在盛花后 50 ～ 55 天左右（北方约在 6 月中旬），主要是为了促进花芽的生理分化，应追施氮肥为主的肥料。若追施尿素，每株 0.5 ～ 10kg 为宜。第三次追肥是为了促进花芽形态分化，追施时间大约在盛花后 90 ～ 95 天左右（约在 7 月中下旬），这次应追施钾肥为主的肥料。杏树与其他落叶果树相比是一个喜钾树种，因此追肥应考虑到树种特点，切忌偏施氮肥，以免造成枝条徒长和开花不结实现象发生。

③根外追肥，即叶面喷肥。根外追肥用量小，见效快，养分可直接被叶片吸收利用。其方法简单易行，但只能是补充某种营养元素的不足，不能代替土壤施肥。根外追肥要掌握好浓度。一般在生长前期浓度稍低些，后期浓度稍高些。还可与喷药相结合。常用的喷肥种类和浓度为：尿素 0.2% ～ 0.4%，硼砂 0.1% ～ 0.3%，硫酸锌 0.2% ～ 0.3%，磷酸二氢钾 0.2% ～ 0.5%，过磷酸钙 0.5% 左右。

（2）施肥方法。施肥方法对是非效果有重要影响。总的原则是，土壤施肥要把肥料施在根系能够吸收的地方；叶面喷肥要把肥喷在叶片背面。肥应根据杏树的生长发育规律特点，采用合理的施肥方法，避免肥料养分流失和因土壤中化合反应造成速效养分固定（图 4-28）。

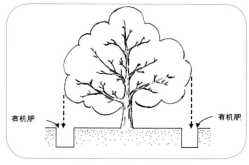

图 4-28 施肥位置示意图

常用的施肥方法有：

(1)环状沟施肥方法。一般幼树采用环状沟施肥方法，该法可结合深翻扩穴措施（图4-29）。具体方法是在幼树定植后第1～2年秋季，距幼树树干内径50cm，外径80～90cm挖一环形沟，沟深30～50cm。然后将有机肥填于环沟

图4-29 环状沟施肥法

内，最后回土填平。第二次再施基肥时，要以第一次外径为第二次环状沟的内径挖沟，直至邻株相接，再改变施肥方法。

(2)放射状沟施法。以树干为中心，在树冠下距树干1m左右处由里向外挖成6条左右的放射状沟（图4-30）。对沟的要求是里浅外深，每年应轮换位置。挖沟的深度为30～50cm，宽50cm左右，长度根据施肥量而定。

图4-30 放射状沟施法

(3)条状沟施法。沿着杏树行间或隔行开深50cm、宽40cm的沟施肥，也可结合深翻进行（图4-31）。此施肥法便于机械化操作，但翻耕的深度和施肥的效果不如环状沟施和放射状沟施。

图4-31 条状沟施法

3. 排水与灌水

杏树是一个抗旱树种，杏树在没有灌溉条件下也能连年结果，但杏树对水分供应的反应是十分敏感的。缺少水分枝叶生长缓慢，虽然连年结果但产量不是很高。水分过多造成土壤缺氧，影响根系生长和养分吸收，严重者造成烂根，整株死亡。

（1）灌水。一般在早春萌芽前应浇足第一次水，萌芽后，树体开花、坐果、新梢迅速生长，需大量水分，有条件应及时浇水。第二是硬核期，此期是杏树需水临界期，杏树的硬核期往往正是杏主产区一年中最干旱的季节，所以更应该及时灌水。北方杏产区，一般是杏采收期以后进入雨季，应注意控水。秋后冬前一般结合施基肥浇水。有条件的杏园，在土壤上冻前要浇一次冻水，以保证冬季杏树根系有较好的生长发育环境，为下年丰产打下良好的基础。灌水的方法大多采用树盘灌水，千万不要串盘灌水。一般每隔一行，在两行树间的树盘交界处，应修一条贯通全行的水渠。灌水时，从渠的一头开始逐单株地开口灌水，灌满一株封好渠口，再开另一株的灌水口，这样一则避免根系病害传播，另外也不会使由于串灌造成长时间水泡的单株根系缺氧。有条件的地区可采用喷灌和滴灌，虽然投资较大，但灌溉效果较好。

（2）排水。杏树抗旱性强，但又怕涝。土壤若长时间积水，植株会因根系缺氧死亡。因此，杏园一定要注意雨季排除积水。平地杏园，一般顺地势在园内或杏园四周挖排水沟；山地杏园，主要是结合水土保持工程修筑排水系统。

六、花果管理

如果授予授粉亲和的花粉，杏树的完全花能够正常结果。退化花由于其雌蕊未发育完全，即使授给其授粉亲和的花粉也不能完成受精，也很难结实。这类花的存在是杏"满树花半树果"或"满树花不见果"的主要原因。

杏花退化现象非常普遍。杏花发育程度与品种有很大关系。仁用杏如'龙王帽''柏峪扁''苇店扁'等花的退化现象轻于鲜食和加工品种。除品种影响外，树体枝条类型也直接影响花的发育，徒长枝和长果枝由于其营养生长旺盛，虽然其上也能形成花芽，但基本上完全花很少，而短果枝和花束状果枝完全花比例高。此外，树势和肥水等田间管理也直接影响花的发育。除选择丰产品种、加强树体管理、合理施肥、灌溉、科学进行整形修剪和注意病虫害防治外，可采取以下措施提高结实率。

1. 提高坐果率的技术

（1）配置授粉树。大多数杏品种均需配置授粉树，但生产上往往忽视配置授粉树。新建杏园应配置授粉树，缺乏授粉树的成龄杏园，应通过高接（改接）部分授粉树的措施补救。

（2）花期放蜂和人工辅助授粉。花期在果园内放蜜蜂可以显著提高坐果率，据研究，蜜蜂飞行可达 5km；也可投放角额壁蜂进行辅助授粉，有明显的增加坐果率作用，该蜂授粉效果好，方法简单、投资少，是一理想辅助授粉蜂种。

（3）高接授粉树或花期挂花枝瓶。在缺乏适合的授粉树的杏园，要选择适合的授粉树进行高接。或者在花期选授粉亲和力强的品种，采集其部分花枝插入装有水的瓶中，将瓶挂在被授粉树的最高处，可起到辅助授粉的作用。

2. 预防花期晚霜危害

杏树是一个开花早的树种，花期常常遭遇晚霜的危害。因此，预防花期晚霜危害对提高杏树产量至关重要。目前主要采用以下几种：

（1）燃烧法。在无霜夜，如要想得到 1℃ 左右的升温效果，就必须每公顷面积上放置 200 个以上的燃烧点，3hm² 作为燃烧面积的界限。美国常用该方法，使用重油为燃料。

（2）吹风法。在高 10m 左右的塔上安装转盘，使直径 3～5m 的螺旋桨转动，所用发动机功率为 80～100 马力。当逆温很强时，紧挨鼓风机附近可升温 3℃。其他均在 2.5℃ 以内，在很大面积保证升温效果至多为 1.5℃。应不停地吹风，至少也应是间歇地吹风，间隔时间应很短，如停止吹风，很快就会恢复到原来的逆温状态。

（3）增温鼓风机。应用增温鼓风机使果园的温度在夜间提高 4～5℃，达到防晚霜危害的目的，这是 20 世纪 70 年代开始研究，80 年代开始推广的有效防晚霜实用新技术，百亩果园每夜成本折合人民币 80 元，目前许多国家的果园都普遍应用增温鼓风机防晚霜。

（5）烟雾法。当晚霜来临时，在果园内熏烟。

（6）覆盖法。以前使用草席、草帘等覆盖物，现在广为利用涤纶白布、冷布等合成纤维类作覆盖材料。此方法能防止覆盖物内的气温下降，但覆盖物表面的低温逐渐影响到里面，使其附近的内部保温效果最多只 1～2℃左右。

（7）灌水法。秋季适度灌水，不能过量，以叶片在中午有短暂的萎蔫作为秋灌的一项指标有利于抗晚霜。

（8）喷灌法（又叫结冰法）。美国把高头喷灌法当作一种低成本高效益的抗寒方法，并成功地应用在苗圃和幼树果园，但是不适宜用应用于盛果期大树。

（9）喷布生长调节剂。应用 MH、NAA、2,4-D 等推迟花期，达到防晚霜的目的。

（10）栽培措施。平衡营养施肥，避免氮肥过量。

（11）防风障。近几年一些杏园采用搭防风障的方法防晚霜也取得了有效的结果。

（12）防霜灵。目前在我国至少有 7 种防霜灵产品，对杏树更有效防晚霜的防霜灵产品有待进一步试验和筛选。北京市农林科学院林业果树研究所近几年通过试验，摸索出能够诱导杏花期自身产生抗冻性的配方，经试验证明，在花前和花期喷施两次，具有良好的防霜效果。

（13）防治冰核生物。经人工模拟霜箱防霜效果测定，从中又筛选到抗霜剂、抗霜素和抗霜保，同时应用微生物防霜技术的研究也取得进展。但是，这些防霜剂在杏树上防治效果尚需要进一步田间试验。

3. 疏花、疏果提高果实品质

疏花、疏果有利于克服果树大小年现象、增大果个头、改善果形、提高果实品质。杏树疏花、疏果通常在大年里进行，最好在花芽萌发前结合冬剪，短截部分多余的花枝。疏果措施应在杏第二次自然落果后（约盛花后 15 天疏 20 天）进行。采用人工手疏或化学疏除。确定留花留果量通常按叶果比、枝果比、主干横截面积和果实间距等多种方法。一般大果型品种、树势弱、肥水条件一般和修剪较轻者应少留果，反之可适当多留。结果生长正常的杏树按照枝果比确定留果量时，一般花束状果枝和短果枝每枝留 1 疏 2 个果，中果枝 3 ~ 4 个，长果枝 4 疏 5 个。采取叶果比的方法疏果时，一般树冠上部的枝条叶果比为 25 ∶ 1，中下部枝条叶果比为 30 ∶ 1。生产上常按照"看树定产，分枝负担，留果均匀"的原则确定留果量。

第四节 病虫害防治

一、主要病害及其防治

1. 杏疔病及其防治

杏疔病，又称杏疔叶病，叶柄病，红肿病等（图 4-32）。在我国杏产区均有发生，尤其山区粗放管理杏园发生较重。主要危害新梢、叶片，也有危害花或果的情况。

图 4-32 杏疔病

（1）识别要点：杏树新梢染病后，生长缓慢或停滞，节间短而粗，病枝上的叶片密集而呈簇生状。表皮起初为暗红色，后为黄绿色，病叶上有黄褐色突起的小粒点，也就是病菌的孢子器。叶片染病后，先由叶脉开始变黄，沿叶脉向叶肉扩展，叶片由绿变黄至金黄，后期呈红褐色、黑褐色，厚度逐渐加厚，为正常叶的 4～5 倍，并呈革质状，病叶的正、反面布满褐色小粒点。到后期病叶干枯，并挂在痄上不易脱落。

（2）发病规律：病菌以子囊在病叶中越冬。挂在树上的病叶是此病主要的初次侵染源，春季子囊孢子从子囊中放射出来，借助风雨或气流传播到幼芽上，遇到适宜的条件，便很快萌发侵入。5 月份呈现症状，10 月份病叶变黑，并在叶背面产生子囊壳越冬。此病一年只发生一次、没有第二次侵染、发病。

（3）防治方法：杏疗病只有初次侵染而无再侵染，在发病期或杏树发芽前，彻底剪除病梢，清除地面的病叶，病果集中烧毁或者深埋，是防治此病的最有效方法，连续进行三年，可基本将此病消灭。如果清除病枝、病叶不彻底，可在春季萌芽前，喷密度 1.03g／L 的石硫合剂，或在杏树展叶时喷布 1～2 次 1：1.5：200 波尔多液，其防治效果良好。

2. 杏流胶病及其防治

杏流胶病，又称瘤皮病或流皮病。我国南北方杏产区都有不同程度的危害。该病对杏树影响很大，轻则枝条死亡，重则整株枯死（图 4-33）。

图 4-33 杏流胶病

（1）识别要点：枝干受侵染后皮层呈疣状突起，或环绕皮孔出现直径1～2cm的凹陷病斑，从皮孔中渗出胶液。胶先为淡黄色透明，树脂凝结渐变红褐色。以后皮层及木质部变褐腐朽，其他杂菌开始侵染。枯死的枝干上有时可见黑色粒点。果实受害也会流胶。

（2）发病规律：病菌主要在枝干越冬，雨水冲溅传播。病菌可从皮孔或伤口侵入，日灼、虫害、冻伤、缺肥、潮湿等均可促进该病的发生。

（3）防治方法：首先应加强栽培管理，增强树势，提高树体抗性。其次，为减少病菌从伤口侵入，可对树干涂白加以保护。休眠期刮除病斑后，可涂赤霉素的100倍液或密度1.03g／L的石硫合剂防治。生长季节，结合其他病害的防治用75%百菌清800倍液，甲基托布津可湿性粉剂1500倍液，异菌脲可湿性粉剂1500倍液，腐霉利可湿粉剂1500倍液喷布树体。流胶病斑被刮干净后，用0.2%的龙胆紫和50倍的菌毒清混合液或腐殖酸液涂抹可以治愈流胶病。

3. 杏疮痂病及其防治

杏疮痂病，又称黑星病。发病严重者造成果实和叶片脱落，一般情况下果面粗糙，出现褐色圆形小斑点，严重者斑点可连成片状，果实成熟时，褐色病斑龟裂，失去商品价值（图4-34）。

图 4-34 杏疮痂病

（1）识别要点：果实发病产生暗绿色圆形小斑点，果实近成熟时变成紫黑色或黑色。枝梢被害呈现长圆形褐色病斑，以后病部隆起，常产生流胶。

第二年春季，病斑变灰产生黑色小粒点。叶片发病在叶背出现不规则形或多角形灰绿色病斑，以后病部转褐色或紫红色，最后病斑干枯脱落，形成穿孔。

（2）发病规律：病菌在病枝梢上越冬，第二年春季孢子经风雨传播侵染。病菌的潜育期很长，一般无再侵染。多雨潮湿利于病害的发生。春季和初夏降雨是影响疮痂病发生的重要条件。一般中晚熟品种易感病。

（3）防治方法：萌芽前喷布密度为 1.02 ~ 1.03g ／ L 石硫合剂或 500 倍五氯酚钠。花后喷密度为 1.0g ／ L 石硫合剂，0.5 ：1 ：100 硫酸锌石灰液及 65% 代森锌 600 ~ 800 倍液。生长后期结合其他病害的防治喷 70% 百菌清 600 倍液。结合冬剪，可剪掉病枝集中烧毁。

4. 杏褐腐病及其防治

杏褐腐病，又名菌核病，一般温暖潮湿的地区发病较重，干旱地区较轻。可引起果园大量烂果、落果，贮运期间可继续传染，损失很大（图 4-35）。

图 4-35 杏褐腐病

（1）识别要点：果实自幼果至成熟均可受害，而以接近成熟和成熟或贮运期受害最重。最初形成圆形小褐斑，迅速扩展至全果。果肉深褐色、湿腐，病部表面出现不规则的灰褐霉丛。嫩叶受害自叶缘开始，病叶变褐萎垂。枝梢受害形成溃疡斑，呈长圆形，中央稍凹陷，灰褐，边缘紫褐色，常发生流胶，天气潮湿时，病斑上也可产生灰霉。

（2）发病规律：病菌主要在僵果和病枝上越冬，第二年春季产生大量孢子，借风雨、昆虫传播，贮运期间，病果和健康果直接接触也可传染。若花期和幼果期遇低温多雨，果实成熟期遇温暖、多云多雾、高湿度的环境，则发病重。

（3）防治方法：结合冬剪剪除病枝病果，清扫落叶落果要集中处理。田间应及时防治害虫。果实采收、贮运时要尽量避免碰伤。此外，萌芽前喷布密度为 1 ～ 1.02g ／ L 石硫合剂；春季多雨和潮湿时，花期前后用 50% 速克灵 1000 倍液或苯来特 500 倍液，或甲基托布津 1500 倍液，或 65% 可湿性代森锌 500 倍液喷撒防治；也可在采前用上述药剂或百菌清 800 倍液防治。

二、主要虫害及其防治

1. 杏仁蜂及其防治

杏仁蜂，又称杏核蜂。主要危害杏果实和新梢，有时也危害桃果实。幼虫蛀食果仁后，造成落果或果实干缩后挂在树上，被害果实新梢也随之干枯死亡（图 4-36）。

图 4-36 杏仁蜂及其危害

（1）形态特征：雌成虫体长 6mm 左右，翅展 10mm 左右。头大、黑色，复眼暗赤色。触角 9 节，第一节特别长，第二节最短小，均为橙黄色，其他各节黑色。胸部及胸足的基节黑色，其他各节橙色。腹部橘红色，有光泽，产卵管深棕色，发自腹部腹面中前方，平时纳入纵裂的腹鞘内。雄成虫体长 5mm 左右，与雌成虫形态不同处表现在触角 3 ～ 9 节上，有环状排列的长毛，腹部黑色。卵白色，长圆形，上尖下圆，长约 1mm，剖开杏果也不易看见，近孵时卵为淡黄色。幼虫乳白色，体长 6 ～ 10mm，体弯曲，两头尖而中部肥大。

（2）发生规律：一年发生 1 代，主要以幼虫在园内落地杏、杏核及枯干在树上的杏核内越冬越夏。也有在留种的和市售的杏核内越冬的幼虫。4 月份老熟幼虫在核内化蛹，蛹期 10 余天，杏落花时开始羽化，羽化后在杏核内停留一段时间，成虫咬破杏核成一圆形小孔爬出，约 1 ~ 2 小时后开始飞翔、交尾。第二年再羽化出核，如此循环危害杏果。

(3) 防治方法：①加强杏园管理，彻底清除落杏、干杏。秋冬季收集园中落杏、杏核，并振落树上干杏，集中烧毁。②结果杏园秋冬季耕翻，将落地的杏核埋在土中。③被害杏核的杏仁被蛀食，比没受害的杏核轻，加工时用水浸洗，漂浮在水面的即为虫果，淘出后应集中销毁。④在成虫羽化期，地面撒 3% 辛硫磷颗粒剂，每株 250 ~ 300g，或 25% 辛硫磷胶囊，每株 30 ~ 50g，或 50% 辛硫磷乳油 30 ~ 50 倍液，撒药后浅耙地，使药土混合。⑤落花后树上喷布 20% 速灭杀丁乳油或 20% 中西杀灭菊酯乳油 3000 倍液，消灭成虫，防止产卵。

2. 桑白蚧及其防治

桑白蚧，又名桑盾蚧、桃白蚧，俗称树虱子（图 4-37）。分布在全国果、林产区。北方果区受害较重。主要危害杏、桃、李、樱桃等核果类果树，也危害核桃、葡萄、柿树、桑树和丁香等。树体皮层受害后坏死，严重受害的枝干皮层大部坏死后，整个枝干随即枯死。

图 4-37 桑白蚧

（1）形态特征：桑白蚧的雌成虫为橙黄色，虫体长约1mm，宽卵圆形，扁平。其蚧壳为近圆形，直径约2mm，略隆起，有轮纹，灰白或灰褐色，壳点黄褐色，位于蚧壳中央偏侧。雌成虫的触角短小呈瘤状，上有1根粗刚毛。头、胸部不易分开，腹部分节明显，臀板较宽，末端具3对臀叶。口针丝状。雄成虫体长0.7mm，为橙红色，触角10节，有长毛。

（2）发生规律：北京一年发生2代，以受精的雌成虫在枝条上越冬。越冬的雌成虫于4月25日至5月30日产卵，5月10日左右为产卵盛期。卵从5月10日左右开始孵化，约经一周，孵化率达90%，孵化后的若虫自母体壳下爬出，在枝条上寻找适当的地方固定下来，经5~7天开始分泌棉絮状蜡粉，覆盖在树体上。若虫经一次脱皮后，继续分泌蜡质物，形成介壳，到6月20日后发育为成虫，又开始产卵。第二代若虫孵化盛期在8月5~10日，到9月5日左右发育为第二代雌成虫，经交尾后以受精雌成虫在枝干上越冬。

（3）防治方法：①结合冬季和早春的修剪和刮树皮等措施，及时剪除被害严重的枝条，或用硬毛刷清除枝条上的越冬雌成虫，将剪下的虫枝集中烧毁。②在杏树休眠期，进行药剂防治，消灭树体上的越冬雌成虫是压低虫口基数的主要措施。即在早春发芽前喷5%石油乳剂，或喷密度为1.03g／L石硫合剂，也可喷布3%的石油乳剂+0.1%二硝基酚。③生长期的防治，即第一、二代若虫孵化的初、盛末期各喷布一次下列药剂中的一种，就可以有效地消灭若虫。0.3波美度石硫合剂；45%马拉硫磷乳油800倍液；50%辛硫磷乳油1000倍液；40%乐果乳油1000倍液；25%西维因可湿性粉剂500倍液。④雄成虫羽化盛期，喷布50%敌敌畏乳油1500倍液，可以大大消灭雄成虫。

3. 桃红颈天牛及其防治

桃红颈天牛，以蛀食枝干为主（图4-38）。幼虫常于韧皮部与木质部之间蛀食，近于老熟时进入木质部危害，并作蛹室化蛹。严重者整株枯死。

（1）形态特征：成虫体长26~27mm。体壳黑色，前胸背面棕红色或全黑色，有光泽。背面具瘤突4个，两侧各有刺突1个。雄虫前胸腹面密布刻点，触角长出虫体约 1/2；雌虫前胸腹面无刻点，但密布横皱，触角稍长于虫体。卵长约 1.5mm，长椭圆形，乳白色。

图 4-38 桃红颈天牛

(2) 发生规律：每 2 年 1 代，以不同龄的幼虫在树干内越冬。成虫 6 ～ 7 月间出现，晴天，中午多栖息在树枝上，雨后晴天成虫最多。经交尾后，在主干及主枝基部的树皮缝中产卵，每雌虫可产卵 40 ～ 50 粒。卵期 8 天左右。幼虫在韧皮部与木质部之间危害，当年冬天滞育越冬。第二年 4 月开始活动，在木质部蛀不规则的隧道，并排出大量锯末状粪便，堆积在寄主枝干基部。5 ～ 6 月危害最重。第三年 5、6 月间，幼虫老熟化蛹，蛹期 10 天，然后羽化为成虫。

(3) 防治方法：① 6 ～ 7 月间成虫出现时，可用糖：酒：醋＝ 1 ∶ 0.5 ∶ 1.5 的混合液，诱集成虫，然后杀死，也可采取人工捕捉方法。②虫孔施药，有新虫粪排出的孔，将虫粪除掉，放入 1 粒磷化铝（0.6 片剂的 1/8 ～ 1/4）；然后用泥团压实。③成虫发生前树干涂白。④及时除掉受害死亡树。

4. 桃粉蚜及其防治

桃粉蚜，又名桃大尾蚜。成、若蚜刺吸叶片，使叶面着生白蜡粉并向背面对合纵卷。蚜虫蜜露常引起霉病，使枝叶墨黑（图 4-39）。

图 4-39 桃粉蚜

（1）形态特征：无翅胎生雌蚜长椭圆形，淡绿色，体被白粉。有翅蚜头胸部黑色，腹部黄绿或橙绿色，体背白蜡粉，腹管短小。若虫形似无翅胎生雌蚜，但体上白粉少。

（2）发生规律：每年发生 20 ～ 30 代。以卵在桃、杏等芽腋、芽鳞裂缝等处越冬。杏花芽萌动时越冬卵开始孵化。5 月危害最重，6 月蚜虫逐渐迁至蔬菜、烟草等植物上危害、繁殖，10 月 10 日以后飞回桃树上交尾产卵。

（3）防治方法：①开花前用 50% 对硫磷乳剂 2000 倍液；或谢花后用 40% 乐果乳剂 1500 倍液；或 20% 敌虫菊酯乳油 3000 倍液防治。②七星瓢虫、异色瓢虫、草蛉、食蚜蝇等都是其天敌。花前天敌还没出蛰，仅食蚜蝇成虫已活动，可施用农药治蚜，以后避免反复喷药，可保护、利用天敌治蚜。

5. 李小食心虫及其防治

李小食心虫，又名李小蠹蛾，简称"李小"。以幼虫蛀果危害，蛀果前在果面上吐丝结网，幼虫于网下啃咬果皮再蛀入果内，之后从蛀入孔流出果胶，造成落果或果内虫粪堆积，不能食用，严重影响杏果产量和质量。

（1）形态特征：成虫体长 6 ～ 7mm，翅展 11.5 ～ 14mm，体背面灰褐色，前翅前缘有 18 组不很明显的白色钩状纹。卵椭圆形，扁平，乳白色，半透明，孵化前转黄白色。

(2) 发生规律：一年发生 2 ～ 3 代，以老熟幼虫在树冠下距离树干 35 ～ 65cm 处，深度为 0.5 ～ 5cm 的土层中作茧越冬，少数在草根附近，石块下或树皮缝隙结茧越冬。当花芽萌动时，越冬幼虫出土，初花期，越冬幼虫开始化蛹，蛹期 22 天。开花期成虫开始羽化产卵，卵期 5 ～ 7 天，卵多产在果面上，孵化后吐丝结网并蛀入果内，被害果停止生长，随后脱落，幼虫随果落地、入土。大约 1 个月后出现第一代成虫，以后世代重叠，到 9 月 25 日左右，第三代幼虫老熟入土作茧越冬。

(3) 防治方法：①加强杏园管理，及时消除落地果，可集中烧毁或深埋。春季翻耕树盘，以消灭越冬幼虫。②成虫发生期，喷布 50% 杀螟松乳油 1500 倍，或 2.5% 溴氰菊酯乳油 3000 ～ 4000 倍液，20% 杀灭菊酯乳油 4000 ～ 5000 倍液，连续喷布两次。③利用成虫的趋光性和趋化性，进行灯光诱杀或糖醋诱杀。

第五章
枣栽培管理技术图解

第一节 北京优良枣品种

北京地区自然分布的枣有鲜食类、干食类、加工类和观赏类等，与我国其他主产区枣的类型基本一致。北京市境内有30多个枣品种，但根据北京地区的自然条件、地理特征及经济文化发展的需要，应以发展当地的鲜食枣品种为主，其他干食或观赏类品种为辅，可适当引进北京周边省（区）的部分优良枣品种。

1. '京枣60'

果实圆柱形，平均纵径4.7cm，横径3.8cm，平均单果重25g左右，果实大小整齐，果面光亮，果皮薄，全熟时深红色，有光泽；果肉绿白色，质地酥脆，汁液多，味酸甜，风味佳，品质极佳。总糖21.7%，可溶性固形物25.4%，酸0.36%，维生素C276mg/100g，可食率95%，果核小。早实性强，丰产性好，9月中下旬成熟（图5-1、图5-2）。

图5-1 '京枣60'果样

图5-2 '京枣60'丰产状

2. '马牙枣'

果实中等大，果顶歪向一侧，形似马牙，因此而得名。果点白色，果皮薄而脆，易剥落；果肉绿白色，酥脆，淡绿色，汁液多，风味甜，鲜果含全糖 35.3%，总酸 0.67%，维生素 C 的含量 332.8mg/100g，可食率达 92%，品质上等；8 月下旬成熟（图 5-3）。图 5-4 为近几年选育的马牙枣新类型。

图 5-3 '马牙枣'　　　　图 5-4 '马牙枣'新类

3. '长辛店白枣'

枣果实为长卵圆形，纵径 3.2cm，横径 2.0cm 左右，平均单果重 13.6g，可溶固形物 29%，含糖量达 25% 左右，含酸量 0.39%，可食率 95% 以上，果皮薄，肉脆，核小，汁多味甜，品质上等，9 月上旬成熟（图 5-5）。

图 5-5 '长辛店白枣'果样及结果状

4. '北京大酸枣'

果实纵径 1.7cm，横径 2.3cm，平均单果重 3.8g，是一般酸枣的 2～3 倍重，果扁圆形，梗洼广而浅，果顶凹入，果皮较厚，暗褐色，果肉厚、细，呈白绿色，质地酥脆，甜酸，鲜果含糖 21.43%，含酸 1.44%，维生素 C 含量 141.81mg/100g，品质上等，可食率 95%，果核小，纺锤形，红褐色，平均核重 0.22g；核壳薄，核内多有种仁。早实性强，丰产性好，为中早熟鲜食大果品种，一般在 9 月上旬成熟（图 5-6、图 5-7）。可用于高级酸枣汁饮料的加工原料，可大规模栽植；且质地酥脆，甜酸可口，是上等的鲜食枣果及加工品种。

图 5-6 '北京大酸枣'结果状

图 5-7 '北京大酸枣'果样

5. '尜尜枣'

果实长圆纺锤形，两端钝尖而光圆，因此而得名。平均纵径 3.8cm，平均横径 1.7cm。果面红色，光泽鲜亮，皮薄，果肉绿白色，质细，脆嫩爽口，酥脆，味甜多汁，有清香，品质上等，可溶性固形物含量 30%～40%。核纵横径为 0.8～1.6cm、0.4～0.6cm，可食率 90%。该品种丰产性极好。9 月中旬成熟，为早中熟鲜食品种（图 5-8、图 5-9）。

图 5-9 ‘尜尜枣’结果状

图 5-8 ‘尜尜枣’

6．‘京枣 28’（‘大苹果枣’）

果大，似苹果，纵经 4.5cm，横经 4.5cm，平均单果重 35g 左右，最大果达 80 多 g。果面褐红色，果皮薄，质脆，还原糖 11.81%，可滴定酸 0.082%，可溶固形物 13.7%，可食率达 96% 以上。该品种果个大，结实率高，丰产性极好。9 月中旬成熟（图 5-10、图 5-11）。

图 5-10 ‘京枣 28’结果状

图 5-11 ‘京枣 28’果样

7．‘鸡心枣’

该品种在《北京果树志》中被记载为北京地区的老品种，但已失传30多年，北京市农林科学院林业果树研究所于2009年在城区发现了该品种，小果鲜食品种，早实，丰产性好，果个小，肉细，脆甜，味道极好，是上乘的采摘果品（图5-12）。

图5-12 ‘鸡心枣’结果状及果样

8．‘缨络枣’

该品种是北京最具代表性的地方干食品种之一。树势强盛，丰产，适应性强，耐瘠薄，耐食心虫侵害。果实中等大，果实圆至长圆形，果梗中等长，梗洼广而深，果顶凹入，成熟时果皮赤褐色，果点不明显，果皮较厚，果肉白绿色或白黄色，果肉脆硬，汁少，味甜，品质中等，核倒卵形，9月下旬至10月上旬成熟（图5-13）。

图5-13 ‘缨络枣’

9.'葫芦枣'

果实中等大,果腰部有深缢痕,呈葫芦形,纵径 3.2cm,横径 2.2cm,平均单果重 9g 左右,果实大小整齐;果顶圆,成熟果面褐红色,光滑,果皮薄而脆,易剥落,果肉白绿色,汁液中等多,风味酸甜,鲜果含全糖 20%,含酸 0.77%,维生素 C 含量 231.6mg/100g,品质中等。果核小,纺锤形,顶端具尖嘴角,平均单核重 0.45g;可食率 93%,9 月上中旬成熟(图 5-14、图 5-15)。

图 5-15 '葫芦枣'结果状

图 5-14 '葫芦枣'果形

10.'龙枣'

龙枣品种较多,其枝条弯曲,但枣果品质大多较差,可作为干食用。其树体主要用于庭院、办公区、景区等观赏栽植,还可用于盆景设计等(图 5-16、图 5-17)。

图 5-16 '龙枣'

11. '茶壶枣'

果实畸形，形状奇特，大小不齐，果肩或近肩部常长有 2 ～ 4 个对角排列的肉质突出物，有的只有一对突出物，形状酷似有壶嘴和壶把的茶壶因而得名。平均果重 8g，品质差，口感差，适于观赏之用。9 月下旬成熟（图 5-17）。

图 5-17 '茶壶枣'

12. '磨盘枣'

树势较大，树姿开张，丰产性好，果实中等大，扁圆形，枣果中部有一条深缢痕，似磨盘形，果实缢痕上部小，下部大且果肉宽厚，纵径 3.0cm 左右，横径 2.8cm 左右，平均果重 8g 左右，大小整齐；成熟果皮赭红色，果肉绿白色，质地粗松，汁液少，味淡，可溶固形物 30%，可食率达 94%，适宜制干，制干率 50%，同时又是良好的观赏品种（图 5-18）。该品种抗性强，耐盐、耐寒、耐旱；树势强，发枝力强；产量高，抗裂果；可作为观赏树木。

图 5-18 '磨盘枣'

第二节 枣栽培技术

一、建 园

1. 枣园规划

平地建园应根据地形和土质等，把枣园划分成小区，小区以南北方向为主。山区建园应按地形、地势和自然地块划分。面积可大可小，一般按分水岭、沟谷或等高线等自然地形来确定。

2. 整 地

平地枣园土层深厚，主要是深翻和平整土地。山地整地的主要有修梯田和挖鱼鳞坑等。小于 25° 的坡地，可修建水平梯田，其田面宽度依坡度而定，一般坡度越大，田面越窄，梯壁可用土或石头等，在田面的内侧可挖排、灌水沟。

坡度大于 25° 的山地，可通过挖鱼鳞坑栽植枣树。在坡面上按不同等高线设置为行，根据株行距大小及特殊地形、地质，确定定植点，鱼鳞坑大小可根据具体情况决定，一般长 1.0～1.5m，宽 0.8～1.0m，深 0.8～1.0m，条件好，鱼鳞坑可适当大，有利于枣树生长发育和提高产量。

二、苗木定植

1. 栽植前准备

选择无病虫害、无检疫对象、根系完整、生长健壮、地径粗在 0.8cm 以上的 1～2 年生良种苗。应尽量萌芽前后起苗和栽苗，远途运输的苗木，栽植前浸水 1 天，充分吸水后栽植。

2. 栽植密度

平地建枣园，株行距一般为 2m×4m，3m×5m；高密度园株行距为 2m×3m、1m×3m、1m×2m 或 1m×1m，可依具体情况变动。山地建园，鱼鳞坑整地，株行距一般为 3m×5m；如果梯田田面超过 4m，可栽植 2 行，行距仍可大于 3m。

3. 栽植时期和方法

在门头沟地区以 4 月中下旬栽植为宜。栽植时，将表土与腐熟的有机肥混匀，填入坑内，苗木根系散开朝下，使根系舒展并与土壤紧密接触，填满，踩实，栽后立即灌透水。

4. 栽后定干

新栽枣苗 60 ～ 80cm 高定干（图 5-19），定干后第一个二次枝从基部剪掉或留一个枣股（图 5-20）；再从上至下选取无损伤的 3 ～ 4 个侧枝，分别留 1 ～ 2 个枣股（图 5-21），其余二次枝全部平基部剪掉（图 5-22）。

图 5-19 栽后定干　　　　　　图 5-20 剪除剪口下第一个二次枝

图 5-21 二次枝留一枣股短截　　　　图 5-22 剪除下部侧枝

5. 栽后管理

栽后适时检查成活率，死亡的苗木要及时补栽。苗木成活后，要加强肥水管理，当新梢长至 7 ～ 10cm 时，追速效氮肥 1 次，每株可施尿素 50 ～ 100g。根据墒情及时灌水，一般栽植当年灌水至少 2 ～ 3 次，此外还要及时松土保墒，除灭杂草，进行病虫防治。

三、整形与修剪

1. 枣树主要树形

（1）主干疏层形。有明显的中心干，中心干高即为树高，成形后全株约 2.5 ～ 3.0m 高（图 5-23）。主干高 60 ～ 80cm。主枝分 3 层，第一层 3 ～ 4 个主枝，各主枝间方位夹角 80°～ 120°，与主干的开张角度 60°～ 70°（图 5-24）；第二层 2 ～ 3 个主枝，其伸展方向与第一层各个主枝叉空错开（图 5-25）；第三层 1 ～ 2 个主枝（图 5-26）。第一层层内距为 40 ～ 60cm，第一层到第二层的层间距为 50 ～ 60cm，第二层内距为 30 ～ 50cm，第二层到第三层的层间距为 50 ～ 60cm。

图 5-23 主干疏层形

图 5-24 主干疏层形第一

图 5-25 主干疏层形第二层

图 5-26 主干疏层形顶层

（2）开心形。干高 80 ～ 100cm，没有中心干，在主干上着生 2 ～ 4 个主枝，主枝基角 40° ～ 50°，每个主枝上配置 2 ～ 4 个侧枝（图 5-27）。

幼苗栽植后定干，用绳、铁丝等把新萌发的枣头拉向沿行向的两侧，使主干上的两侧主枝呈开张状。

（3）自然纺锤形。主枝 7 ～ 10 个。轮生排在主干上，不分层，主枝间距 20 ～ 40cm。主枝上不培养侧枝，直接着生结果枝组（图 5-28）。干高 60 ～ 80cm。此树形树冠小，适于密植栽培。

图 5-27　开心形

在主干 80 ～ 100cm 处短剪，剪除剪口下第一个二次枝，同时选整形带内 2 ～ 4 个方向适宜的二次枝留 1 ～ 2 个枣股短截，促使枣股萌发枣头，作主枝培养；第二年选方位适宜的 2 ～ 3 个枣头作主枝培养；第三、第四年同法培养其余主枝，各主枝间角度 60 ～ 90°。在主枝上萌发的枣头，通过摘心培养成结果枝组。

图 5-28　自然纺锤形树形

2. 修剪方法

（1）疏枝：疏枝是将该枝条从基部剪掉。集中树体养分，平衡树势，改善树体内光照条件及透风度。一般是内膛枝（图 5-29）、徒长枝（图 5-30）、直立枝（图 5-31）、竞争枝（图 5-32）、背上枝（图 5-33）和过密枝（图 5-34）。还包括交叉枝、病虫枝、伤枝、纤弱枝及无发展空间的枝。

图 5-29 疏除内膛枝　　　　　　图 5-30 疏除徒长枝

图 5-31 疏除直立枝　　　　　　图 5-32 疏除竞争枝

图 5-33 疏除竞争枝　　　　　　图 5-34 疏除过密枝

（2）短截或回缩。将过长而不利于树体发展或者影响其他骨干枝生长和发育，但还有一定的生长空间和结果能力，通过适当地修剪，去掉其过长的部分，称为短截或回缩。轻度短截一般是剪除原枝长的 1/4（图 5-35），重度短截剪除原枝长 1/3 ～ 1/2（图 5-36）。对分布角度太大的多年生枝（图 5-37）可通过回缩（图 5-38），抬高大枝角度，促进枝条健壮和提高树势。

图 5-35 轻度短截

图 5-36 重度短截

图 5-37 分布角度大的多年生枝

图 5-38 回　缩

（3）缓放：是指对枣头不进行修剪。一般对辅养枝和非骨干枝的延长枝进行缓放，以缓和生长势，增加结果部位和产量。

（4）撑枝或拉枝：用木棍（图 5-39 和图 5-40）、铁丝或绳子改变枝条的原有角度和方向（图 5-41 和图 5-42）。拉枝时，在主枝基部用绳或软线绑缚（图 5-43），以防撕裂；或在绑缚部位垫上衬物（图 5-44）。

图 5-39 两主枝太近

图 5-40 撑　枝

图 5-41 主枝开张角度小

图 5-42 拉枝开张角度

图 5-43 主枝与主干易撕裂

图 5-44 避免拉绳嵌入枝条

（5）摘心：指在生长季对当年生枣头一次枝或二次枝进行短截，截留长度视树势、枝条的发育空间等因素而定（图 5-45）。

（6）抹芽：抹除没有利用价值的刚萌发出的枣头（图 5-46）。

图 5-45 摘心（图中斜线处）　　　　图 5-46 抹芽（图中斜线处）

（7）拿枝：对当年生长方向不合理或过于直立的枣头施行改变其角度的方法。用手握住枝条中下部轻轻向下压或在枝条的中上部挂重物，使枝条由直立生长变为斜向生长，缓和生长势。一般在 6 ~ 7 月份进行，拿枝过早，枝条太嫩，容易折断，过晚枝条已经木质化，不易进行（图 5-47）。

（8）扭梢：是在生长季将未木质化的枣头一次枝向合理的方向拧转，使木质部和枝皮劈裂而不断，使枝条沿着合适的方向生长，扭梢的目的是抑制枣头旺盛生长，促使其转化为健壮的结果枝组（图 5-48）。

图 5-47 拿枝（图中箭头方向）　　　　　图 5-48 扭梢（图中箭头方向）

（9）剪除机械损伤和病虫害枝：在生产过程中损伤的枝条和病虫枝，易成危害虫的寄居地，因此必须随时剪除。

3. 不同年龄树的整形修剪

（1）幼树的整形修剪。定干促生分枝，培养主侧枝和结果枝组，扩大树冠，加快幼树成形。夏季枣头摘心促进留下的二次枝发育。但枣头夏季摘心只能培养小型结果枝组，如果枣头生长空间较大，不能急于摘心，要促进枣头进一步生长（图 5-49 至图 5-50）。

图 5-49 结合修剪选留更新二次枝（图中
两箭头）

图 5-50 萌发出新的枣头（图中箭头）

（2）生长结果期树的修剪。修剪的主要目的保持树冠通风、透光，使枝条分布均匀，调节生长和结果的关系，并逐渐向以结果为主方向发展。在冠径没有达到最大之前，扩大树冠。当树冠已达到要求，对骨干枝的延长枝进行摘心，控制其延长生长，并适时开甲，实现全树结果。

（3）盛果期树的修剪。在修剪上要注意调节营养生长和生殖生长的关系，维持树势，采用疏缩结合，打开光路，引光入膛，防止内部枝条枯死和结果部位外移，并有计划地进行结果枝组的更新复壮，使每枝组维持较长的结果年限。

（4）衰老期树的修剪。衰老期树的主要修剪任务是根据其衰老程度进行轻、中、重不同程度的更新修剪，促使隐芽萌发，使其更新复壮。①轻度更新：疏除 1 ~ 3 个轮生、交叉的骨干枝，剪除骨干枝总长的 1/5 左右，刺激抽生新枣头。②中度更新：重剪骨干总长的 1/3 ~ 1/2，对下垂枝要锯掉 2/3 以上（图 5-51），刺激隐芽萌发。③重度更新：锯掉骨干枝总长的 2/3，刺激隐芽萌发（图 5-52）。

图 5-51 重剪下垂老枝

图 5-52 锯老枝促新枝

四、土肥水管理

1. 土壤管理

（1）深翻和中耕除草。平地枣园在早春或秋末深翻一次，深翻时切断部分细根，可促使新根发生，同时也可消灭地下越冬害虫，一般耕深20～30cm。山地枣园，通过土壤深翻，可促进枣树生长，提高产量。

（2）间作绿肥。枣园间作绿肥不但可以供给枣树肥料，还起到防止水土流失、防风固沙、稳定土温等作用。间作的绿肥要与枣树有一定的距离，绿肥要及时刈割，就地翻压或沤肥，也可用于覆盖树盘。

（3）覆草或铺地布。在树冠下或全园覆盖杂草、绿肥、碎细秸秆等，覆盖物厚度20～25cm，抑制杂草生长，增加土壤有机质含量。地布是近几年发展起来的覆盖地面的一种塑料布，一般地布可保4～5年，既可防草，又可保墒，还可防虫。

2. 施　肥

（1）基肥。常用的基肥有厩肥、堆肥、人粪尿、绿肥、饼肥等。

① 基肥的施用时期：新建枣园，在深翻时施入有机肥，或在栽植时，与表土混匀填入坑内。已建枣园，以采果后至落叶前施肥。

②基肥施用量：枣树基肥的施用量为每生产1kg鲜枣需施用2kg左右有机肥为依据。一般结果期初期每株施有机肥10～15kg；盛果期每株施有机肥15～20kg。基肥中可适当掺入速效氮、磷肥等。

基肥的施用方法：

环状沟施肥法（图5-53）：以树干为中心，沿树冠外围垂直投影处挖一条环状沟；平地枣园一般沟深、宽各40～50cm，山地30～40cm。

放射状沟施肥法（图5-54）：在距离主干30cm左右处向外挖6～8条辐射状沟，延至树冠外围20cm。沟深、宽各为30～50cm，近干处宜浅。将表土与基肥混合后施入，灌透水。

图 5-53 环状沟施

图 5-54 放射状沟施

条状沟施：在行间或株间于树冠外围投影处挖深 30～50cm、宽 30～40cm 条状沟。隔年轮换位置（图 5-55）。

点穴施肥：在树冠下挖深、长、宽各为 30～40cm 施肥坑 8～12 个，把基肥与表土混匀填满，做成树盘，灌冻水（图 5-56）。

图 5-55 条状沟施

图 5-56 穴状沟施

（2）追肥。①追肥的施用时期：枣树追肥分 4 次。第一次在萌芽前（4月上旬），以氮肥为主，适当配以磷肥，促进快速萌芽和枝叶生长，有利于花芽分化。第二次开花前（5月下旬），以氮肥为主，配以适量磷肥，促进开花坐果，提高坐果率。第三次在幼果发育期（6月下旬至 7月上旬），为磷钾肥为主，配以氮肥，促进幼果生长，减少落果。第四次在果实迅速发育期（8月上中旬），氮磷钾配合施用，以促进果实膨大和糖分积累，提高果实品质。②追肥施用量：对成龄树，萌芽前每株追施尿素 0.5 ～ 1.0kg，过磷酸钙 1.0 ～ 1.5kg；开花前追施磷酸二铵 1.0 ～ 1.5kg，硫酸钾 0.5 ～ 0.75kg；果实膨大期各施磷酸二铵 0.5 ～ 1.0kg，硫酸钾 0.75 ～ 1.0kg。③追肥施用方法：在树冠下开 10 ～ 15cm 深的浅沟或挖 8 ～ 15 个深 10 ～ 15cm 的小坑，施入肥料后覆土，及时浇水。

3. 灌　水

（1）催芽水：早春萌芽前结合追肥灌一次水，促进萌芽，加速生长。

（2）助花水：门头沟地区 5 月下旬，结合花前追肥灌水促进坐果。

（3）促果水：门头沟地区一般在 7 月下旬至 8 月上旬，促进果实膨大。

（4）封冻水：在土壤上冻前灌水。

五、提高枣树坐果和保果率的措施

1. 抹　芽

除去无用枣头，节省树体营养，促进花芽正常发育；对一些树膛内、枝条背上、不需延长的结果枝组上长出的新枣头，在长出后平基部抹掉。

2. 摘　心

对新萌发的枣头基部往上留 3 ～ 7 个二次枝进行摘心。同一枣头基部 1 ～ 2 个二次枝长到 6 ～ 9 节时摘心，中部 2 ～ 3 个二次枝长到 4 ～ 7 节时摘心，上部 2 ～ 3 个二次枝留 3 ～ 5 节摘心。在枣吊上，对于生长势很强的木质化枣吊，留 40 ～ 50cm 摘心，一般枣吊留 8 ～ 10 片叶摘心。

3. 环　剥

开花前主干环剥：距地面 20 ～ 30cm 处的树干上进行。以后的开甲每年上移 5 ～ 10cm，当开甲部位达到第一主枝时，再从树干下部重新开甲。甲口部位应选平整光滑处，甲口宽度以环剥处粗度的 1/10 ～ 1/8 为宜，大树、壮树宜宽，幼树、弱树宜窄（图 5-57、图 5-58）。

图 5-57 大树主杆环剥　　　　　图 5-58 小树主杆环剥

花期主枝环剥：选离中心干约 15 ～ 20cm 光滑处进行环剥（图 5-59）；对于需要更新的主枝，在主枝上合适的位置选择有小侧枝的地方，在其以上的光滑处进行环剥（图 5-60），以便促使环剥口以下部位萌发枣头，作为主枝的更新枝。甲口宽度以环剥处粗度的 1/10 ～ 1/8 为宜，范围 0.3 ～ 0.8cm。

图 5-59 主干和主枝环剥　　　　　图 5-60 主枝环剥

4. 环　割

在主干或主枝环剥后，进入盛花后期或幼果发育期，对主枝上的结果枝，在离主枝约 5 ～ 10cm 处环切，深至木质部，不剥皮。

5. 花期放蜂

在枣园附近养蜂或自行购买壁蜂，在枣园多处放养。提高坐果率。

注意：提前停打农药，同时要了解蜜蜂或壁蜂的生活习性。

6. 花期喷水

在下午 4：00 进行，随着空气温度逐渐降低，采用高压喷灌或者人工喷雾。喷水次数依天气干旱程度而定，一般年份喷 1 ～ 3 次，严重干旱时可喷 2 ～ 4 次。每隔 2 天喷水 1 次。

7. 喷生长调节剂和微量元素

配置 1.0 ～ 1.5g/100kg 浓度的赤霉素（俗称 920）溶液，可同时加入 3/1000 硼砂或 2/1000 的磷酸二氢钾或二者混合物。与打药方式相同，可用高压喷洒或人工喷雾，在下午 3：00、4：00 以后进行，应全部打遍，在当天环剥后喷洒，效果更好。

注意：浓度必须控制在 1.0 ～ 1.5g/100kg 之间，应选择在晴朗天气的下午进行，整个枣园最多喷洒 2 ～ 3 次，隔 2 ～ 3 天喷 1 次。

8. 叶面施肥

从展叶开始，每隔 15 ～ 20 天做 1 次叶面施肥；生长季前期以氮为主，果实发育期以磷钾肥为主，辅之以氮肥；花期喷硼肥。夏季喷肥应避开中午高温，以免产生肥害。常用肥料及施用浓度如表 5–1。

表 5–1 叶面施肥种类及相应浓度

序号	肥料名称	施用浓度（%）	序号	肥料名称	施用浓度（%）	序号	肥料名称	施用浓度（%）
1	尿素	0.2 ～ 0.3	6	硼砂	0.5 ～ 0.7	11	硝酸铵	0.1 ～ 0.3
2	磷酸二氢钾	0.2 ～ 0.3	7	硫酸亚铁	0.2 ～ 0.4	12	磷酸铵	0.3 ～ 0.5
3	过磷酸钙	2.0 ～ 3.0	8	硫酸钾	0.5	13	氯化锌	0.1 ～ 0.2
4	木灰浸出液	3.5 ～ 4.0	9	氯化钾	0.4	14	氯化钙	0.2 ～ 0.3
5	硼酸	0.03 ～ 0.10	10	硝酸钾	0.3 ～ 0.5			

第三节 枣树病虫害防治

一、枣树无公害病虫害综合防治

枣树相对于其他果树来说，病虫害较少，只要注意防治结合，就能达到很好的效果。枣树无公害栽培病虫防治要充分发挥农业和物理防治（刮树皮、清扫果园残枝落叶等）的作用，减少病虫基数；以生物防治为核心，按照病虫的发生规律，在搞好病虫预测预报的基础上，选择中低毒、低残留农药，对病虫害进行科学合理的综合防治。

1. 加强植物检疫

在调运枣树苗木、接穗、插条、种子等繁殖材料时，要按照国家颁布的相关检疫条例和法令，对其进行严格检疫，防止外来新的病、害虫、杂草的侵入和本地危险性病、虫、草的扩散。

2. 农业防治

农业防治是在枣树栽培过程中，有目的地创造有利于枣树生长发育的环境条件，使枣树生长健壮，提高枣树的抗病能力，有效地防治病虫害的发生。同时，创造不利于病和虫的发生，有效控制害虫的活动、繁殖、危害和侵染的环境条件，降低病虫害的发生程度。

（1）培育无病虫害苗木。

（2）科学定植，使枣树生长健壮，增加枣树自身的抗病虫能力。

（3）加强枣树休眠期管理，防止越冬病原和害虫，以减少初侵染来源，增强树势，提高枣树抗病虫害能力。

3. 生物防治

（1）保护天敌。保护天敌越冬，并为天敌补充食料和寄主，合理地间作套种，可以招引和繁殖天敌。枣园里病虫的天敌种类非常丰富，捕食性的昆虫有瓢虫、螳螂、蜻蜓、草蛉、步甲、捕食性蝽类等，还有如蜘蛛、捕食性螨类、啄木鸟、大杜鹃、大山雀、伯劳、画眉等都能捕食叶蝉、椿象、木虱、吉丁虫、天牛、金龟子、蛾类幼虫、叶蜂、象鼻虫等多类害虫。寄生蜂和寄生蝇类是将卵产在害虫体内或体外，经过自繁，可消灭大量害虫。有些病原微生物如白僵菌、苏云金杆菌、刺蛾颗粒体病毒、枣尺蠖核型多角体病毒等，可使枣树害虫患病而降低种群数量和危害程度。

（2）引进或人工繁殖天敌。改变枣园生态环境中的益害比例，压低病虫害数量。目前已成功地繁殖、释放松毛虫赤眼蜂以控制枣镰翅小卷蛾的危害。

昆虫信息素的利用是生物防治的又一途径，虫情测报灵敏简便，害虫的诱杀和迷向防治经济有效。目前，昆虫蜕皮激素、保幼激素以及哺育剂等得到大量应用。把人工培养的拮抗微生物直接施入土壤或喷洒在植物表面，可以改变根围、叶围或其他部位的微生物群落组成，建立拮抗微生物的优势，从而控制病源物，达到防治病害的目的。

4. 物理防治

利用光、热、电、温、湿、放射能等人工或机械防治病虫的方法。

（1）诱杀法：利用灯光诱杀趋光性强的害虫，如尺蠖、天蛾、金龟子、夜蛾、蝼蛄、叶蝉等。用马粪、炒香的麦麸等加入农药诱杀地老虎、蝼蛄。树干上绑草引诱枣镰翅小卷蛾群集于草带内集中烧毁。

（2）捕杀法：对枣尺蠖的雌蛾，象甲、金龟子等均可人工捕杀。

（3）阻隔法：早春在枣树根茎周围堆土，阻止桃小食心虫的越冬幼虫出土和成虫羽化；在枣尺蠖羽化前于树干基部围塑料薄膜，下面堆沙成圆锥体，阻止雌虫上树产卵。5～6月份于枣芽象甲幼虫孵化时对树干涂 20cm 宽的废机油带，阻杀下树幼虫。

二、北京地区枣树主要病虫害及防治方法

1. 枣锈病

症状：主要侵害叶片（图 5-61）。受害叶片背面散生或聚生凸起的土黄色小疱。其形状不规则，直径 0.2～1mm，大多数生活在中脉两旁、叶尖

和叶片基部。密集在叶脉两旁的后来又连成条状。然后在叶片正面出现不规则的褪绿小斑点，失去光泽，后变成黄褐色角斑，最后整片叶干枯，早期脱落。落叶先由树冠下部开始，逐渐向上蔓延，严重时叶片全落（图 5-62），枣果失水皱缩，不堪食用。

图 5-61 枣锈病症状

图 5-62 枣锈病危害状

预测预报：6 月上旬至 7 月下旬，在枣林内用孢子捕捉法（在载玻片上涂上甘油或凡士林，每两片为一组，涂上甘油或凡士林的面向外，捆绑固定，悬挂在枣林间，每 5 天观察一次），结合 7 月份降雨预报，测报枣锈病的发生期和流行情况。

防治方法：①加强栽培管理。栽植时不宜过密；合理修剪，以利通风透光，增强树势。雨季要及时排除积水，降低枣园湿度。晚秋清扫树下落叶，集中烧毁或深翻掩埋土中，以减少越冬菌源。枣树行间不宜种植高秆作物。②喷药保护。在 6 月底、7 月上中旬或 7 月底各喷布 1 次 200 ～ 300 倍波尔多液或锌铜波尔多液，流行年份可在 8 月上旬再喷一次，能有效地控制枣锈病的发生和流行。如天气干旱，视病情可适当减少喷药次数。其他可施用的药物有：25% 粉锈宁可湿性粉剂 1000 ～ 1500 倍液；50% 代森锌可湿性粉剂 500 倍液；50% 退菌特可湿性粉剂 600 倍液；50% 灭菌铜可湿性粉剂；75% 甲基托布津可湿性粉剂 1000 倍液。

2. 枣炭疽病

症状：主要侵害果实、枣吊、枣叶、枣头及枣股（图 5-63 和图 5-64）。在果肩或果腰最初出现淡黄色水渍状斑点，逐渐扩大成不规则的黄褐色斑块，中间产生圆形凹陷病斑，病斑扩大后连片，呈红褐色，引起落果。病果着色早，在潮湿条件下，病斑上能长出许多黄褐色小突起。重病果晒干后，只剩枣核和丝状物连接果皮，味苦，不能食用。轻病果虽可食用，但苦味，品质变劣。叶片受害后变黄绿早落，有的呈黑褐色焦枯状。

防治方法：①清园。摘除残留的越冬老枣吊，清扫掩埋落地的枣吊、枣叶，并进行冬季深翻。②加强枣园管理。增施农家肥料，可增强树势，提高植株的抗病能力。冬季每株施入粪便 15 ～ 20kg 或其他农家肥料 20 ～ 30kg，6月份雨后施碳酸氢铵 3kg，花期及幼果期可结合治虫、治病，叶面喷施 0.3%磷酸二氢钾和 0.2% 尿素 2 ～ 3 次。③合理间作。枣园内间作花生、红薯等低秆作物，可减轻病害。④药剂防治。于 7 月下旬至 8 月下旬，与防治枣锈病相结合，喷洒 1：2：200 ～ 300 倍波尔多液，既可防治枣锈病又可防治炭疽病。

图 5-63 枣炭疽病（果点）

图 5-64 枣炭疽病（焦叶缩果）

3. 枣缩果病

症状：主要侵害果实（图 5-65 至图 5-66）。在果实腰部出现淡黄色水渍状斑块，边缘呈浸润状。随后病斑变为暗红色，无光泽。有的病果从果柄开始有浅褐色条纹，排列整齐。剖开果皮，果肉呈浅褐色组织萎缩松软，呈海绵状坏死,坏死组织逐渐向果肉深层延伸,味苦。以后病部转为暗褐色,失去光泽。病果则逐渐干缩凹陷,果皮皱缩,故称缩果病。果柄受害后呈暗黄色,提前形成离层,脱落。

防治方法:①加强管理,增施农家肥料,增强树势,提高枣树自身的抗病能力。②根据当年的气候条件,决定防治时期,枣缩果病发生规律,在北京地区,7月份常出现阴雨天气,一般在接连3～5天连阴雨,即可要注意缩果病的防治工作。一般年份喷洒1～2次药,间隔7～10天,严重的可适当增加施药次数。药剂有:链霉素70～140单位/ml;土霉素140～210单位/ml;卡那霉素140单位/ml,DT600～800倍液,同时结合治虫,可在施用杀菌剂时,加入20%灭扫利5000倍液或40%氧化乐果1000～1500倍液。可杀得2000在防治枣缩果病效果较好。一般在发病初期用药,用53.8%可杀得2000悬浮剂1000～1200倍液均匀喷雾,每隔7～10天喷一次,连喷2～3次。可杀得2000要避免与强酸、强碱性农药混用。

注意:用药的时间最好在发病前及发病初期。

图 5-65 枣缩果病　　　　　　　图 5-66 枣缩果病后期

4. 枣裂果病

症状:主要危害果实(图5-67、图5-68)。有两种类型:一种是枣果在白熟期由日烧引起的裂果,大都在枣果的向阳面。另一种是白熟期后、枣果开始转红时遇雨后出现的裂果。枣果进入白熟期后,遇雨,在果肩、果面发生圆形或纵向裂开的缝,果肉外露,随后发生腐烂变软变酸,不堪食用。

果实开裂后，易于引起炭疽等病原菌侵入，从而加速了果实的腐烂变质。

图 5-67 枣裂果病

图 5-68 裂果病危害

防治方法：①合理修剪，注意通风透光，有利于雨后枣果表面迅速干燥。②从 7 月下旬开始喷 3000ppm 的氯化钙水溶液，以后每隔 10 ～ 15 天喷一次。直到采收，喷氯化钙可结合病虫害防治同时进行。

5. 枣疯病

其主要症状表现见图 5-69 和图 5-70，全株各器官均可染病。

（1）花变成叶：花器退化，花柄延长，萼片、花瓣、雄蕊均变成小叶，雌蕊转化为小枝。

（2）芽不正常萌发：主芽、副芽均萌发成发育枝，其上的芽又大部分萌发成小枝，逐级生枝，病枝纤细，节间缩短，叶片较小。

（3）叶片病变：叶肉变黄，叶脉变绿，叶缘向上反转卷，暗淡无光，叶片变硬变脆。花后长出的叶片狭小，翠绿色，易焦枯。有时在叶背面的主脉上再长出一小的明脉叶片，鼠耳状。

图 5-69 枣疯病（初期）

图 5-70 枣疯病（晚期）

（4）果实病变：染病枝或病花一般不能结果。病株上的健枝结果后，表现为大小不一，果面着色不均匀，凸凹不平，凸处红色，凹处呈绿色，果肉松软，不能食用。

（5）根部病变：主根上长出一丛丛短疯根，萌发一丛丛的小疯苗，枝叶细小，黄绿色。

防治方法：最好的防治方法是把好苗木产地检疫关，禁止病区苗木调入非病区，选择抗病品种及无病毒砧木和穗条。目前对枣疯病的研究还在探索阶段，病因也未完全清楚，因此还没有明显有效的治疗方法，一般在发现枣疯病病株后，最好的方法是连根挖掉整株树，并使病株远离枣产区或烧毁，土壤留下部分残余根系，影响不大，否则，留下树桩，仍会继续遭受病害（图5-71）。

对发病轻或只有局部枝染病的植株，可采用从疯枝的上一级枝的基部去掉（图5-72），把染病枝在发现时除掉，或不晚于落叶期，并结合对树干进行药物治疗，目前应用四环素、土霉素等药液用针管注入树干韧皮部或在树干周围钻孔深达木质部，用棉球塞入空内，效果较好。

图 5-71 去掉树冠部分后的受害状

图 5-72 局部枝条病变

6. 枣瘿蚊

危害：幼虫（图5-73）危害枣树的叶片、花蕾和幼果。叶片受害后变为简状，初期为紫红色（图5-74），质硬而脆，后变黑枯萎（图5-75）；花蕾被害后，花萼膨大，不能开放或开放后不坐果（图5-76）。

发生规律及生活习性：以幼虫在树下土壤表层结茧越冬。翌年 4 月中下旬开始化蛹，产卵于刚萌芽嫩叶加缘，幼虫吸食叶片汁液，刚萌发的新叶和芽呈紫红色，卷曲不能正常展叶，幼芽生长缓慢，至 5 月中下旬，被害严重的叶片脱落。

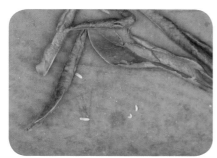

图 5-73 枣瘿蚊幼虫

图 5-74 枣瘿蚊早期症状

图 5-75 枣瘿蚊危害叶片症状

图 5-76 枣瘿蚊危害嫩枝状

防治方法：①早春深翻枣园，把老熟幼虫和蛹翻入深层，阻止正常羽化出土。②药物防治：可选用 50% 敌敌畏乳剂 800 ~ 1000 倍液；20% 杀灭菊酯乳油 3000 倍液；病毒 A。

7. 食心虫

危害：以幼虫蛀果危害，将虫粪堆积枣果内（图 5-77），严重时造成大量落果，影响枣树产量和果实品质。

生活习性及发生规律：在北京地区，一年发生 1 ～ 2 代，以一代为主，以老熟幼虫在土壤中结扁圆形茧越冬。越冬深度最浅刻在土表，最深可达 15cm，以 3 ～ 8cm 处最多；越冬幼虫的平面分布范围主要在树干周围 1m 以内。第二年 5 月中旬幼虫开始破茧出土，可一直延续到 7 月中旬；

图 5-77 食心虫危害状

6 月上中旬为盛期。幼虫出土时间的早晚、出土数量与 5、6 月的降雨关系密切，降雨早，则出土早，雨量充沛且集中，则出土快而整齐；反之，雨量小，降雨分散，则出土晚而不整齐。幼虫出土后，1 天内即可在树干基部附近的土缝、石缝或杂草根际处吐丝结成纺锤形的夏茧化蛹。6 月下旬至 7 月上旬为成虫发生较多的时期，直到 9 月份仍有成虫发生。成虫白天潜伏于枝干、树叶及草丛等背阴处，日落后开始活动，深夜最为活跃，交尾产卵，卵多产在枣叶基部，少数产在枣果梗洼处。

预测预报：①越冬幼虫出土期预测：在树冠下 5 ～ 6cm 深处埋入桃小食心虫冬茧 100 个或更多，5 月上旬罩笼，每天检查出土幼虫数，当出土幼虫达 5% 时，开始地面喷药。②成虫发生期预测：采用性诱芯诱集雄蛾的方法。每诱芯含性外激素 500μg，诱蛾的有效距离可达 200m。成虫发生期前，在枣园内均匀地选择若干株树，在每株树的树冠阴面外围离地面 1.5m 左右的枝条上悬挂 1 个诱芯，诱芯下吊置一个碗或其他广口器皿，其内加入 1% 洗衣粉溶液，要求水面距诱芯 1cm。每天早上检查所诱到的蛾数，逐一记载后捞出，并补充洗衣粉液，保持水面，每 5 天彻底换水 1 次，桃小食心虫发生 1 代更换 1 次诱芯。平均每天 1 个诱芯诱到 1 头雄蛾时，即可在树上喷药。

防治方法：①地面用药：幼虫出土盛时，于树冠下的地面施药，将越冬幼虫毒杀于出土过程中。常用药剂有：50% 辛硫磷乳剂或 25% 辛硫磷微胶囊剂，50% 对硫磷乳剂或 25% 对硫磷微胶囊剂。将药剂稀释 200 ～ 300 倍，在树冠下距树干1m范围内的地面喷雾，株均用药液10L左右。也可以将药剂稀释200～300倍后，喷于50kg细土中，混合均匀，制成毒土，撒于树下。施药后应浅锄或盖土，以延长药剂残效期，提高杀虫效果。树下防治措施还包括拾净落地虫果，及时摘除虫果；5月上旬之前筛茧；树冠下地膜覆盖或培土6～10cm；幼虫脱果期地面施药等。②树上喷药：常用药剂有50%杀螟松乳剂1000倍液，50%对硫磷乳剂1500～2000倍液，25%对硫磷微胶囊剂1000倍液，40%水胺硫磷乳剂1000倍液，2.5%溴氰菊酯乳剂3000倍液，2.5%灭扫利乳剂2500倍液，20%杀灭菊酯乳剂2500倍液。

8. 红蜘蛛

主要是吸叶片汁液，造成叶片发黄，严重时大量落叶(图5-78、图5-79)。一年发生5～8代，在树干枝杈、树皮缝及近树干土缝中越冬，翌年4月下旬开始活动，6～8月危害严重，10月份成虫下树越冬。冬春刮树皮；萌芽前喷3～5波美度的石硫合剂；5月下旬至6月上旬喷药1次，根据虫情，在7月可再1次，常用药剂20%的灭扫利2500～3000倍液。

图 5-78 红蜘蛛危害顶芽　　　　　　　图 5-79 红蜘蛛危害嫁接苗

9. 枣黏虫

危害：危害枣叶、花和果实。有的是两叶或多叶吐丝缀在一起或将叶片正纵卷成饺子状，幼虫潜藏其中，取食叶片；有的是将叶片与果实粘贴在一起（图5-80），由果柄蛀入果内，食取果肉，造成落果。

生活习性及发生规律：在北京地区枣黏虫一年中发生 1～3 代，且世代重叠，均以蛹在枣树主干粗皮裂缝或树洞中越冬，第二年春季羽化出成虫。卵产于内芽和嫩叶，使枣树不能正常发芽。4 月下旬至 7 月上旬发生第二代幼虫，先危害枣花，继之危害枣叶和幼果，7 月下旬至 10 月下旬发生第三代幼虫外。成虫白天潜伏在枣叶背面或枣园内的其他植物上，夜间活动，对黑光灯趋性强。羽化后第二天即交尾，交尾后第二天开始产卵，多产于枣叶正面中脉两侧，1 叶片有卵 1～3 粒。幼虫危害枣叶时，吐丝将叶片粘在一起，在内取食叶片，形成网膜状残叶。

防治方法：①冬春灭蛹：冬季或早春刮除树干的粗皮、锯去残破枝头，集中烧毁；主干涂白，并用胶泥堵塞树洞。②束草杀蛹：在 9 月上中旬于主干分权处束草，引诱末代幼虫入草束化蛹，翌春成虫羽化前解下草束烧毁。③诱杀成虫：一般 1 代喷药 1 次，危害严重的世代喷药 2 次，喷药的间隔期为 5～8 天。药剂有 2.5% 溴氰菊酯乳剂 2500 倍液；75% 辛硫磷光 2000～3000 倍液；20% 速灭杀丁乳油 2000～3000 倍液；10% 氯氰菊酯乳油 2000～3000 倍液。④诱杀成虫：在成虫发生期用黑光灯、糖醋液或性引诱剂诱杀成虫。

图 5-80 枣黏虫危害叶状

10. 绿盲蝽

危害：成虫和若虫刺吸枣树的幼芽、嫩叶、枣吊、花蕾和果实。枣吊受害呈弯曲状，花蕾受害后停止发育，枯死脱落；严重时花蕾全部脱落，幼果受害后，出现黑色小斑或隆起的小疤，果肉组织坏死后脱落（图5-81至图5-84）。

该虫一年可繁殖4～5代，对枣树影响较大的是第一、二代。每年3至4月，当气温达到10℃以上，相对湿度达70%左右时，开始孵化，第一代发生盛期在4月底5月上旬，主要是危害枣芽，第二代发生盛期为6月中旬，是危害性最严重的一代，主要危害枣花及幼果。在北京地区危害最严重的主要是在4月底5月上旬，其余7、8、9三个月危害也较重。

防治方法：①人工防治：冬季清除园内杂草及其他植物残体，集中销毁。②药物防治：3～4月期间，在气温稳定在10℃左右时，及时对枣树和园内其他植物进行喷药，防治第一代若虫；第二次用药是在枣树萌芽期结合其他枣树害虫用药防治。50%二溴磷乳剂1000倍液或2.5%溴灭菊酯乳剂2000倍液，整个枣树、地上杂草及行间作物均喷药。

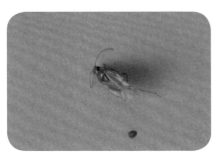

图 5-81 绿盲蝽象成虫

图 5-82 绿盲蝽象危害幼芽

图 5-83 绿盲蝽象危害幼叶

图 5-84 绿盲蝽象对花的危害